Idroponica Scatenata: La Guida Avanzata per una Produzione Alimentare Sostenibile ed Efficiente

Un'Esplorazione Completa dei Moderni Sistemi Idroponici, Tecnologie e Pratiche per Massimizzare Produttività, Sostenibilità e Redditività

Green World Production

1. **Introduzione all'idroponica avanzata** - Contestualizzazione e differenze rispetto ai livelli base e intermedi.

2. **Sistemi idroponici avanzati** - Descrizione dettagliata di sistemi come Nutrient Film Technique (NFT), Deep Water Culture (DWC), e Aeroponics.

3. **Selezione delle colture** - Guida alla scelta delle piante più adatte per sistemi idroponici avanzati, inclusi frutti, verdure e piante ornamentali.

4. **Soluzioni nutritive** - Composizione chimica, bilanciamento dei nutrienti e personalizzazione delle soluzioni per diverse colture.

5. **Illuminazione artificiale** - Approfondimenti su LED, lampade a scarica di alta intensità (HID) e la loro applicazione nell'idroponica.

6. **Controllo del clima** - Tecniche per la gestione di temperatura, umidità e circolazione dell'aria in ambienti chiusi.

7. **Automazione e tecnologia** - Utilizzo di sensori, timer e sistemi di controllo automatizzati per ottimizzare la crescita delle piante.

8. **Gestione del pH e della conducibilità elettrica (EC)** - Metodi avanzati per il monitoraggio e l'ajustamento del pH e della EC.

9. **Prevenzione e gestione delle malattie** - Strategie per riconoscere, prevenire e trattare le malattie più comuni in idroponica.

10. **Controllo dei parassiti** - Metodi biologici e chimici per la gestione dei parassiti in un sistema idroponico.

11. **Tecniche di potatura e gestione della crescita delle piante** - Tecniche specifiche per massimizzare la resa e la qualità del raccolto.

12. **Ricircolo delle soluzioni nutritive** - Strategie per il riutilizzo efficace delle soluzioni per minimizzare sprechi e costi.

13. **Analisi dei dati e miglioramento continuo** - Uso di dati raccolti per affinare le pratiche e aumentare l'efficienza.

14. **Sostenibilità e impatto ambientale** - Approfondimento sugli aspetti sostenibili dell'idroponica e come minimizzare l'impronta ecologica.

15. **Case study** - Analisi di impianti idroponici di successo e lezioni apprese.

16. **Integrazione con altre tecnologie agricole** - Sinergie con l'aquaponica, la permacultura e altre pratiche agricole innovative.

17. **Aspetti economici dell'idroponica avanzata** - Analisi dei costi, redditività e modelli di business efficaci.

18.**Normative e legislazioni** - Panoramica delle leggi e normative che influenzano la pratica dell'idroponica in diverse regioni.

19.**Futuro dell'idroponica** - Tendenze emergenti e potenziale evoluzione della tecnologia e delle pratiche.

20.**Appendice e risorse** - Includere guide, schemi di montaggio, tabelle di nutrimento e altre risorse utili.

1. Introduzione all'idroponica avanzata - Contestualizzazione e differenze rispetto ai livelli base e intermedi.

Per scrivere un'introduzione efficace sull'idroponica avanzata, ecco alcuni aspetti e dettagli che potresti considerare per elaborare e contestualizzare il tema rispetto ai livelli base e intermedi:

Titolo del Capitolo

Introduzione all'Idroponica Avanzata: Oltre le Basi

Contenuto del Capitolo

1. **Definizione di Idroponica Avanzata**

   o Spiegare cosa si intende per "avanzato" nel contesto dell'idroponica, enfatizzando l'uso di tecnologie più sofisticate, tecniche complesse e gestione ottimizzata delle risorse.

   o Differenziare tra le pratiche di livello base, intermedio e avanzato.

2. **Evoluzione dell'Idroponica**

   o Breve storia dell'idroponica, dalla sua nascita a oggi, evidenziando come le tecniche si sono evolute per diventare più efficienti e produttive.

- o Descrivere come le innovazioni tecnologiche hanno trasformato l'idroponica in una pratica avanzata.

3. **Vantaggi dell'Idroponica Avanzata**

   - o Elencare i benefici chiave come maggiore controllo sull'ambiente di crescita, maggiore efficienza nel consumo di acqua e nutrienti, e

Ecco lo sviluppo dettagliato del primo capitolo del tuo libro sull'idroponica avanzata. In questo capitolo, si approfondiranno le basi dell'idroponica avanzata, con particolare attenzione alle differenze rispetto ai livelli più elementari e intermedi, e si esamineranno i vantaggi e le innovazioni tecnologiche che caratterizzano questa pratica.

Capitolo 1: Introduzione all'Idroponica Avanzata: Oltre le Basi

1. Che cosa significa "Idroponica Avanzata"?

L'idroponica avanzata rappresenta il vertice delle tecniche di coltivazione in ambiente controllato, dove le piante vengono cresciute senza suolo, nutrendosi direttamente di soluzioni ricche di minerali. A differenza dei livelli base e intermedio, l'idroponica avanzata implica l'uso di sistemi altamente tecnologici e automatizzati che ottimizzano ogni aspetto della crescita della pianta, dal ciclo di illuminazione al bilanciamento dei nutrienti. Questi sistemi permettono di monitorare e regolare con precisione parametri quali pH, umidità, temperatura e concentrazione dei nutrienti.

2. Dalla Tradizione all'Innovazione: Evoluzione dell'Idroponica

L'idroponica, sebbene sia una pratica antica, ha visto una significativa evoluzione negli ultimi decenni. Originariamente utilizzata per esperimenti scientifici e applicazioni di nicchia, oggi è diventata una soluzione sostenibile per la produzione alimentare su larga scala in aree urbane e regioni con terreni non coltivabili. Questa evoluzione è stata accelerata dalla crescente preoccupazione per la sostenibilità ambientale e dalla necessità di produrre cibo in spazi ristretti o non adatti alla coltivazione tradizionale.

3. Vantaggi dell'Idroponica Avanzata

Uno dei principali vantaggi dell'idroponica avanzata è la sua efficienza rispetto all'agricoltura convenzionale. I sistemi avanzati utilizzano meno acqua, dato che la soluzione nutritiva può essere riciclata e riutilizzata, riducendo notevolmente lo spreco. Inoltre, poiché le condizioni di crescita possono essere controllate con estrema precisione, le piante crescono più velocemente e con tassi di resa superiori. Questo controllo elimina quasi completamente il rischio di malattie trasmesse dal suolo, e riduce la necessità di pesticidi chimici.

4. Innovazioni Tecnologiche nell'Idroponica Avanzata

Le tecnologie chiave che distinguono l'idroponica avanzata includono sistemi di automazione che regolano l'illuminazione, la temperatura e l'umidità. I sensori avanzati rilevano le condizioni sub-ottimali e adattano automaticamente l'ambiente per mantenere condizioni ideali. Software sofisticati permettono agli agricoltori di analizzare dati in tempo reale e prevedere le esigenze future delle colture, ottimizzando ulteriormente la produzione.

5. Conclusione

Questo livello di controllo e precisione rende l'idroponica avanzata non solo una scelta tecnologicamente avanzata ma anche una necessità in contesti dove le risorse sono limitate e la domanda di produzione alimentare è alta. Con l'adozione sempre più diffusa di queste tecniche avanzate, l'idroponica è destinata a svolgere un ruolo cruciale nell'agricoltura del futuro.

Questo capitolo fornisce una panoramica solida per introdurre i lettori all'idroponica avanzata, posizionando il libro come una guida indispensabile per chi desidera esplorare questa tecnica all'avanguardia. Se vuoi approfondire qualche aspetto specifico o passare al prossimo punto, fammi sapere!

L'idroponica avanzata rappresenta una significativa evoluzione dalle tecniche più rudimentali di coltivazione senza suolo, introducendo un livello di sofisticazione tecnologica che permette un controllo ambientale quasi totale e una gestione ottimizzata delle risorse necessarie per la crescita delle piante. Questa sezione esplora in dettaglio i vari aspetti e le innovazioni che caratterizzano l'idroponica avanzata.

Impatto Tecnologico nell'Idroponica Avanzata

L'avanzamento tecnologico ha reso possibile l'adozione di sistemi idroponici che si basano su automazioni complesse e feedback in tempo reale. Questi sistemi utilizzano software avanzati e sensoristica sofisticata per monitorare costantemente le condizioni ambientali come l'umidità, la temperatura, la concentrazione di CO_2, e la luminosità. Le informazioni raccolte da questi sensori alimentano algoritmi che possono automaticamente regolare i parametri ambientali per ottimizzare le condizioni di crescita, riducendo il carico di lavoro umano e minimizzando gli errori.

Gestione Avanzata delle Soluzioni Nutritive

Nell'idroponica avanzata, la composizione e il bilanciamento delle soluzioni nutritive sono di cruciale importanza. Le soluzioni sono preparate con precisione scientifica per garantire che ogni elemento nutrizionale sia presente nella giusta concentrazione. Utilizzando tecnologie come la spettroscopia e i sensori di conducibilità elettrica, gli idroponici avanzati possono analizzare la soluzione nutritiva in tempo reale, apportando aggiustamenti automatici per mantenere l'equilibrio ottimale necessario per il massimo sviluppo delle piante.

Controllo del pH e della Conducibilità Elettrica

Il controllo del pH e della conducibilità elettrica (EC) è fondamentale in qualsiasi sistema idroponico, ma in quelli avanzati, queste misurazioni sono gestite con estrema precisione. Sistemi automatizzati di dosaggio permettono aggiustamenti fini e continui del pH e della EC basati sui feedback dei sensori. Questo assicura che le piante ricevano sempre la quantità esatta di nutrienti necessari senza stress causati da fluttuazioni del pH o da eccessi/squilibri di sali minerali.

Illuminazione Artificiale Ottimizzata

L'illuminazione gioca un ruolo vitale nella crescita delle piante. Nell'idroponica avanzata, l'uso di sistemi di illuminazione LED di ultima generazione permette di emulare lo spettro solare più efficace per la fotosintesi. Questi sistemi LED possono essere programmati per variare l'intensità e lo spettro di luce durante le diverse fasi di crescita delle piante, promuovendo una crescita ottimale e aumentando la resa delle colture. Inoltre, la tecnologia LED è notevolmente più efficiente in termini energetici rispetto alle soluzioni di illuminazione tradizionali, come le lampade a scarica ad alta intensità (HID).

Automazione e Monitoraggio da Remoto

L'automazione è un pilastro dell'idroponica avanzata. I sistemi possono essere controllati non solo in loco ma anche da remoto attraverso applicazioni mobili o piattaforme web che permettono agli utenti di monitorare e gestire il loro sistema idroponico da qualsiasi parte del mondo. Questo è particolarmente vantaggioso per gli operatori commerciali che possono necessitare di gestire più siti contemporaneamente. Queste piattaforme di gestione offrono anche analisi predittive basate su intelligenza artificiale per prevedere problemi futuri prima che diventino critici, come il rischio di malattie o l'esaurimento dei nutrienti.

Integrazione Verticale e Ottimizzazione dello Spazio

Un aspetto chiave dell'idroponica avanzata è l'efficienza nell'uso dello spazio attraverso l'integrazione verticale. Le farm idroponiche verticali impilano i livelli di coltivazione l'uno sopra l'altro, massimizzando la produzione in aree con limitata disponibilità di spazio orizzontale. Questo approccio non solo aumenta la densità di coltivazione ma ottimizza anche l'utilizzo delle risorse come l'acqua e la luce, poiché l'ambiente chiuso e controllato minimizza le perdite. Sistemi di movimentazione automatizzati possono anche essere integrati per gestire le piante attraverso differenti fasi di crescita, riducendo il bisogno di intervento umano e migliorando l'efficienza operativa.

Riuso e Riciclo delle Risorse

La sostenibilità è un altro pilastro dell'idroponica avanzata. I sistemi avanzati sono progettati per il riciclo e il riuso delle risorse. L'acqua, una delle risorse più critiche in agricoltura, viene riciclata continuamente all'interno del sistema.

Filtrazioni avanzate e sistemi di sterilizzazione assicurano che l'acqua rimanga pulita e libera da patogeni, permettendo un uso sicuro per lunghi periodi. Anche i nutrienti in eccesso possono essere recuperati e reintrodotti nel sistema, riducendo sprechi e costi operativi.

Uso di Dati per la Gestione Predittiva

La raccolta e l'analisi dei dati sono essenziali nell'idroponica avanzata. Sensori e sistemi IoT (Internet of Things) raccolgono dati continuamente su vari aspetti del sistema, come la crescita delle piante, l'uso dei nutrienti, e l'efficienza luminosa. Questi dati vengono analizzati utilizzando software avanzati che possono identificare pattern, prevedere risultati futuri e suggerire modifiche per ottimizzare le prestazioni. Questo tipo di gestione basata sui dati aiuta a prevenire problemi prima che emergano e a mantenere le condizioni ottimali per la crescita delle piante.

Sistemi Idroponici Personalizzati

In ambienti di coltivazione avanzati, i sistemi idroponici possono essere personalizzati per adattarsi alle specifiche esigenze delle piante e agli obiettivi di produzione. Questo può includere la personalizzazione del layout fisico del sistema, la selezione di specifici tipi di pompe o illuminazione, e la configurazione dettagliata dei cicli di alimentazione e irrigazione. La personalizzazione può anche estendersi ai software di gestione, che possono essere programmabili per integrare algoritmi specifici che si adattano ai cambiamenti delle condizioni ambientali o delle esigenze delle colture.

Sicurezza Alimentare e Qualità del Prodotto

La sicurezza alimentare e la qualità del prodotto sono significativamente migliorate nell'idroponica avanzata. Controllando strettamente l'ambiente di crescita e minimizzando l'esposizione a contaminanti esterni e patogeni, si riduce notevolmente il rischio di malattie delle piante. Inoltre, la capacità di mantenere condizioni ideali durante tutto l'anno permette la produzione di cibo di alta qualità, con miglior controllo delle caratteristiche organolettiche come il gusto, il colore e la consistenza. Questo non solo soddisfa le aspettative dei consumatori ma apre anche nuove opportunità di mercato per i produttori.

Formazione e Educazione Continua

L'adozione dell'idroponica avanzata richiede una formazione continua e aggiornata. I produttori devono essere ben informati su tutte le tecnologie e le tecniche emergenti per mantenere e migliorare l'efficienza dei loro sistemi. Workshop, corsi online e seminari sono essenziali per la formazione professionale continua. Inoltre, le collaborazioni con istituti di ricerca e università possono facilitare lo scambio di conoscenze e promuovere l'innovazione continua nel campo dell'idroponica avanzata.

Connettività e Rete di Collaborazione

La connettività gioca un ruolo cruciale nell'ottimizzazione dei sistemi idroponici avanzati. La capacità di connettere diversi sistemi e scambiare dati può facilitare la collaborazione tra diverse operazioni idroponiche, permettendo ai coltivatori di condividere le migliori pratiche, i dati di crescita e le strategie di risoluzione dei problemi. Questo tipo di rete collaborativa non solo migliora la produttività individuale ma solleva l'intero settore, spingendo verso nuovi livelli di innovazione e efficienza.

Impatto Ambientale Ridotto

L'idroponica avanzata ha un impatto ambientale significativamente ridotto rispetto all'agricoltura tradizionale. L'efficienza nell'uso dell'acqua, la riduzione dell'utilizzo di pesticidi e l'abilità di produrre cibo in ambienti urbani o non agricoli contribuiscono a ridurre la deforestazione, il degrado del suolo e la perdita di biodiversità. Questi sistemi rappresentano un passo avanti importante verso una produzione alimentare più sostenibile e rispettosa dell'ambiente.

Efficienza Energetica e Fonti Rinnovabili

Nell'idroponica avanzata, l'efficienza energetica è un fattore critico per la sostenibilità e la riduzione dei costi operativi. Gli impianti moderni tendono sempre più a incorporare fonti di energia rinnovabile, come il solare fotovoltaico e l'eolico, per alimentare i loro sistemi. Questo non solo riduce la dipendenza da fonti di energia non rinnovabili ma contribuisce anche a minimizzare l'impatto ambientale dell'agricoltura. I sistemi di illuminazione LED, per esempio, sono molto più efficienti rispetto alle opzioni tradizionali e possono essere ottimizzati per funzionare con l'energia prodotta in loco, riducendo ulteriormente i costi e aumentando l'autosufficienza energetica dell'impianto idroponico.

Miglioramento Continuo attraverso Feedback e Innovazione

L'approccio all'idroponica avanzata è profondamente radicato nei principi del miglioramento continuo. L'integrazione di feedback in tempo reale e l'analisi dei dati permettono agli operatori di apportare modifiche incrementali che migliorano costantemente le prestazioni del sistema. L'innovazione può provenire da vari settori, inclusi sviluppi in biotecnologia, nanotecnologia, e ingegneria dei materiali, tutti potenzialmente utili per migliorare l'efficienza dei sistemi idroponici. Ad esempio, l'uso di nanomateriali nella filtrazione dell'acqua o nell'erogazione di nutrienti può aumentare l'efficienza di questi processi essenziali.

Adattabilità ai Cambiamenti Climatici

Uno dei vantaggi più significativi dell'idroponica avanzata è la sua resilienza e adattabilità ai cambiamenti climatici. A differenza dell'agricoltura tradizionale, che è fortemente influenzata dalle condizioni meteorologiche, l'idroponica avanzata opera in un ambiente controllato che può essere isolato dagli effetti esterni. Questo rende possibile la produzione di cibo in aree colpite da siccità, temperature estreme, o altre condizioni ambientali avverse che altrimenti comprometterebbero l'agricoltura convenzionale. Inoltre, la capacità di modificare rapidamente le impostazioni ambientali in risposta a dati predittivi consente ai coltivatori di anticipare e mitigare gli effetti dei cambiamenti climatici a livello locale.

Diversificazione delle Colture e Specializzazione

L'idroponica avanzata permette una maggiore diversificazione delle colture grazie alla sua capacità di personalizzare le condizioni di crescita per specie specifiche che potrebbero non essere coltivabili in modo economico o sostenibile attraverso metodi tradizionali. Questo apre nuove possibilità per i coltivatori di specializzarsi in colture di nicchia o di alto valore, come erbe aromatiche esotiche, varietà di ortaggi particolari o piante medicinali. Queste specializzazioni non solo possono aumentare la redditività ma anche contribuire a soddisfare la crescente domanda di prodotti locali e sostenibili.

Integrazione con Sistemi di Real Estate

L'idroponica avanzata può essere integrata in maniera innovativa con il settore immobiliare attraverso la creazione di spazi di coltivazione urbani che sfruttano le strutture esistenti, come i tetti degli edifici o gli spazi interni inutilizzati. Questa pratica, conosciuta come "farming verticale", non solo ottimizza l'utilizzo dello spazio urbano ma può anche migliorare l'isolamento termico degli edifici, riducendo i costi energetici e aumentando il valore degli immobili. Inoltre, la vicinanza delle zone di produzione ai consumatori riduce i costi e l'impatto ambientale legati al trasporto dei prodotti alimentari, contribuendo ulteriormente alla sostenibilità del sistema.

Collegamenti con la Comunità e l'Educazione

Le imprese di idroponica avanzata spesso fungono da centri educativi e di coinvolgimento per le comunità locali, offrendo programmi di visita e workshop che educano il pubblico sui benefici dell'agricoltura sostenibile. Questi programmi possono ispirare altre iniziative locali e promuovere una maggiore consapevolezza e adozione di pratiche sostenibili nel più ampio contesto comunitario. La trasparenza e l'educazione sono fondamentali per costruire fiducia e supporto per l'innovazione in agricoltura, specialmente in contesti urbani dove la connessione con la produzione di cibo può essere meno evidente.

Conclusione: Realizzazione e Implicazioni del Progresso nell'Idroponica Avanzata

L'idroponica avanzata rappresenta non solo un culmine della tecnologia agricola ma anche un modello per il futuro sostenibile della produzione alimentare. Attraverso l'integrazione di sistemi sofisticati di monitoraggio e controllo ambientale, questa pratica è in grado di ottimizzare l'uso delle risorse, massimizzare l'efficienza produttiva e minimizzare l'impatto ambientale.

Punti Chiave per l'Implementazione e Sviluppo Futuro

1. **Innovazione Tecnologica Continua**: La base dell'idroponica avanzata è la continua ricerca e implementazione di nuove tecnologie. Questo include il miglioramento dei sistemi di illuminazione, l'ottimizzazione delle soluzioni nutritive, e l'avanzamento dei sistemi di controllo ambientale. La tecnologia deve progredire al passo con le crescenti esigenze di efficienza e sostenibilità.

2. **Educazione e Formazione**: Per mantenere l'efficacia dei sistemi idroponici avanzati, è essenziale investire nella formazione continua di coloro che gestiscono e operano questi sistemi. Workshop, certificazioni e corsi di aggiornamento devono essere parte integrante del settore, assicurando che gli operatori rimangano al passo con le ultime innovazioni e pratiche migliori.

3. **Sostenibilità Ambientale e Sociale**: Oltre all'efficienza produttiva, l'idroponica avanzata deve anche affrontare questioni di sostenibilità ambientale e impatto sociale. Questo include la riduzione dell'uso di pesticidi, il riciclo dei rifiuti, l'uso di energia rinnovabile e la creazione di sistemi agricoli che supportino le comunità locali.

4. **Scalabilità e Adattabilità**: I sistemi idroponici devono essere progettati per essere sia scalabili che adattabili. Ciò permette una facile espansione o

modifica in risposta alle esigenze del mercato o alle condizioni ambientali in evoluzione. La flessibilità sarà cruciale per rispondere a sfide impreviste, come cambiamenti climatici o interruzioni della catena di approvvigionamento.

5. **Collaborazione Interdisciplinare**: L'idroponica avanzata beneficia dell'interazione tra diversi campi di studio e pratica, inclusi l'ingegneria, la biologia, la chimica, l'ecologia e l'economia. Collaborazioni tra università, industrie e governi possono facilitare la condivisione di conoscenze e risorse, accelerando l'innovazione e migliorando le pratiche di coltivazione.

6. **Etica e Accessibilità**: È fondamentale che i benefici dell'idroponica avanzata siano accessibili a un ampio spettro di popolazioni, non solo a imprese commerciali o agricoltori in paesi sviluppati. Ciò implica lo sviluppo di modelli di business e tecnologie che siano economicamente accessibili e culturalmente sensibili, garantendo che i vantaggi della produzione idroponica possano raggiungere anche le comunità meno abbienti.

7. **Valutazione dell'Impatto a Lungo Termine**: Infine, è cruciale monitorare e valutare l'impatto a lungo termine dell'idroponica avanzata sulla salute umana e sull'ambiente. Studi continuativi e feedback trasparenti possono aiutare a guidare le future

decisioni politiche e pratiche, assicurando che l'idroponica avanzata rimanga una soluzione sostenibile e responsabile per le generazioni future.

In conclusione, l'idroponica avanzata non è solo una frontiera tecnologica ma anche una necessità emergente in un mondo dove la sicurezza alimentare, la sostenibilità e l'efficienza sono sempre più critiche. Con una continua attenzione all'innovazione, alla formazione, alla sostenibilità e alla collaborazione, questa pratica può rappresentare un modello vitale per il futuro dell'agricoltura globale.

2. Sistemi idroponici avanzati - Descrizione dettagliata di sistemi come Nutrient Film Technique (NFT), Deep Water Culture (DWC), e Aeroponics.

La descrizione dettagliata dei sistemi idroponici avanzati come Nutrient Film Technique (NFT), Deep Water Culture (DWC) e Aeroponics richiede un approfondimento su come ciascun sistema funziona, le sue applicazioni, vantaggi e svantaggi. Questi sistemi rappresentano la spina dorsale dell'idroponica moderna e avanzata, utilizzati per massimizzare l'efficienza della crescita delle piante in ambienti controllati senza l'uso del suolo. Ecco un'analisi approfondita di ciascuno di questi sistemi.

Nutrient Film Technique (NFT)

Funzionamento: La Nutrient Film Technique è un sistema idroponico in cui una soluzione nutritiva molto diluita scorre continuamente su una canaletta leggermente inclinata. Le radici delle piante sono immerse in questo sottile film di soluzione, permettendo loro di assorbire nutrienti e ossigeno. L'acqua in eccesso viene raccolta alla fine della canaletta e ricircolata al sistema.

Applicazioni: NFT è particolarmente popolare per la coltivazione di piante a ciclo breve e a radice poco profonda, come lattuga, erbe aromatiche e spinaci. È spesso utilizzato in ambienti controllati come serre e spazi interni commerciali.

Vantaggi:

- **Efficienza nell'uso dell'acqua:** Poiché l'acqua viene ricircolata, il sistema è estremamente efficiente.

- **Controllo completo sui nutrienti:** Consente una gestione precisa della nutrizione delle piante.

- **Risparmio di spazio:** Il design verticale e orizzontale massimizza l'uso dello spazio in aree limitate.

Svantaggi:

- **Suscettibilità a interruzioni:** Interruzioni di corrente o problemi con le pompe possono interrompere il flusso dei nutrienti, danneggiando rapidamente le piante.

- **Gestione delle radici:** Le radici possono crescere tanto da bloccare i canali se non gestite correttamente.

- **Rischi di malattie:** La ricircolazione dell'acqua può facilitare la diffusione di patogeni se il sistema non è mantenuto correttamente.

Deep Water Culture (DWC)

Funzionamento: Deep Water Culture è un sistema in cui le piante crescono con le radici immerse direttamente in una soluzione nutritiva ricca di ossigeno. Le piante sono generalmente sostenute da galleggianti che le mantengono sulla superficie, mentre un aeratore assicura che la soluzione sia ben ossigenata.

Applicazioni: DWC è ideale per colture che beneficiano di un costante accesso a nutrienti e ossigeno, come la cannabis, il basilico e alcune varietà di pomodori e peperoni.

Vantaggi:

- **Semplicità di setup e manutenzione:** DWC è relativamente semplice da configurare e mantenere.

- **Crescita rapida delle piante:** L'abbondanza di nutrienti e ossigeno promuove una crescita veloce.

- **Minore rischio di stress idrico:** Le piante hanno un accesso costante all'acqua.

Svantaggi:

- **Uso intensivo dell'acqua:** Sebbene l'acqua venga ricircolata, il volume richiesto è sostanziale.

- **Rischi legati alla temperatura dell'acqua:** L'acqua deve essere mantenuta a una temperatura ideale per prevenire problemi come il collasso delle radici.

Aeroponics

Funzionamento: L'aeroponica è un sistema avanzato dove le radici delle piante sono sospese in aria e vengono regolarmente nebulizzate con una soluzione di acqua e nutrienti. Questo metodo garantisce un'eccellente esposizione sia ai nutrienti che all'ossigeno.

Applicazioni: È spesso usato per colture ad alto valore e ricerca scientifica, dato il suo controllo ambientale superiore. Piante come fragole, ortaggi a foglia e molte erbe aromatiche traggono grande beneficio da questo sistema.

Vantaggi:

- **Massima esposizione a nutrienti e ossigeno:** Ottimizza la crescita e la salute delle piante.

- **Efficienza idrica:** Utilizza meno acqua rispetto ad altri metodi idroponici.

- **Controllo ambientale elevato:** Minimizza il rischio di malattie e parassiti.

Svantaggi:

- **Costi di setup e manutenzione:** L'installazione e la manutenzione possono essere costose e tecnicamente complesse.

- **Suscettibilità a malfunzionamenti:** I sistemi di nebulizzazione devono funzionare correttamente per evitare l'essiccazione delle radici.

Questi sistemi idroponici avanzati offrono soluzioni diverse e adattabili per ottimizzare la produzione agricola in vari contesti, ciascuno con specifiche proprietà che lo rendono ideale per determinate applicazioni e tipologie di colture.

Integrazione di Tecnologie di Monitoraggio Avanzate

Nei sistemi idroponici avanzati, l'uso di tecnologie di monitoraggio gioca un ruolo cruciale nel garantire il funzionamento ottimale dell'intero sistema. Sensori di ultima generazione possono rilevare in tempo reale parametri critici come il livello di pH, la conducibilità elettrica, la temperatura dell'acqua, i livelli di ossigeno disciolto, e la concentrazione di nutrienti specifici. Questi dati vengono poi utilizzati per automatizzare le regolazioni necessarie, garantendo che le piante ricevano esattamente ciò di cui hanno bisogno per una crescita ottimale. Questo tipo di monitoraggio continuo riduce la necessità di interventi manuali e aumenta l'efficienza complessiva del sistema.

Utilizzo di Software di Gestione Agricola

I sistemi idroponici avanzati spesso si avvalgono di software di gestione agricola che integra i dati raccolti dai sensori con modelli predittivi avanzati. Questi software permettono agli operatori di visualizzare in modo chiaro e semplice lo stato del sistema, ricevere allarmi in caso di parametri fuori norma, e persino ricevere raccomandazioni su come ottimizzare la produzione. Inoltre, l'analisi dei dati storici raccolti permette di identificare le tendenze di crescita delle piante e di affinare ulteriormente le pratiche colturali per incrementare la resa e la qualità del raccolto.

Sistemi di Automazione per la Gestione dei Nutrienti

Un aspetto fondamentale dei sistemi idroponici avanzati è l'automazione nella gestione dei nutrienti. Sistemi automatizzati sono capaci di aggiustare dinamicamente la composizione e la concentrazione della soluzione nutritiva in base ai feedback dei sensori. Questo garantisce che ogni pianta riceva il giusto equilibrio di nutrienti necessari per le varie fasi di crescita, dallo sviluppo radicale alla fioritura e alla fruttificazione, massimizzando l'efficienza dell'uso di risorse come l'acqua e i fertilizzanti.

Ottimizzazione dell'Uso dell'Energia

I sistemi idroponici avanzati incorporano soluzioni per ottimizzare l'uso dell'energia. L'illuminazione, ad esempio, può essere gestita tramite sistemi che adattano l'intensità e lo spettro luminoso in base al ciclo di crescita delle piante o all'intensità luminosa esterna, riducendo così il consumo energetico. Allo stesso modo, i sistemi di controllo della temperatura e dell'umidità possono operare in modo più efficiente attraverso l'uso di tecnologie come il recupero di calore o l'isolamento avanzato, contribuendo a ridurre ulteriormente i costi energetici e l'impronta carbonica del sistema.

Implementazione di Pratiche di Coltivazione Eco-compatibili

Oltre alla tecnologia, l'idroponica avanzata spinge per l'adozione di pratiche di coltivazione eco-compatibili. Questo include l'uso di materiali sostenibili per la costruzione e il mantenimento dei sistemi, nonché la riduzione dell'uso di pesticidi chimici attraverso il controllo biologico dei parassiti. Questi approcci non solo migliorano la sostenibilità dell'operazione idroponica ma possono anche aumentare l'attrattiva del prodotto finito per i consumatori sempre più consapevoli delle questioni ambientali.

Riduzione del Rischio di Contaminazione e Miglioramento della Sicurezza Alimentare

Un vantaggio significativo dei sistemi idroponici avanzati è la loro capacità di ridurre il rischio di contaminazione attraverso un ambiente di coltivazione controllato. Eliminando il contatto con il suolo, che spesso è un vettore per patogeni e contaminanti, e utilizzando acqua e nutrienti sterili o trattati, si riduce significativamente il rischio di esposizione a patogeni comuni come E. coli o Salmonella. Questo non solo migliora la sicurezza alimentare ma risponde anche alle crescenti normative sulla tracciabilità e sulla qualità dei prodotti agricoli.

Adattabilità e Scalabilità del Design

Infine, l'adattabilità e la scalabilità dei design dei sistemi idroponici avanzati permettono a questi sistemi di essere personalizzati per soddisfare esigenze specifiche, sia in termini di dimensioni che di tipo di coltura. Questo rende l'idroponica avanzata appropriata non solo per grandi operazioni commerciali ma anche per piccole produzioni artigianali o progetti di ricerca. La capacità di espandere o modificare facilmente un sistema offre agli operatori la flessibilità di adattarsi a nuove opportunità di mercato o a cambiamenti nelle condizioni di coltivazione.

Integrando la Robotica nei Sistemi Idroponici Avanzati

La robotica sta emergendo come una componente cruciale nei sistemi idroponici avanzati, facilitando automazioni ancora più sofisticate. Robot specializzati possono gestire compiti come la semina, il trapianto, la potatura e la raccolta, riducendo notevolmente il bisogno di lavoro manuale e aumentando l'efficienza e la precisione delle operazioni. Questi sistemi robotizzati possono anche essere programmabili per monitorare lo stato di salute delle piante e intervenire proattivamente per correggere eventuali anomalie, come squilibri idrici o nutrizionali, garantendo così condizioni di crescita ottimali.

Uso di Intelligenza Artificiale per Analisi Predittive

L'impiego dell'intelligenza artificiale (AI) nei sistemi idroponici avanzati rappresenta una frontiera in rapida espansione. L'AI può analizzare enormi quantità di dati provenienti dai sensori per identificare pattern che possono non essere immediatamente evidenti agli operatori umani. Questi sistemi possono prevedere problemi potenziali, come l'insorgenza di malattie o carenze nutrizionali, prima che diventino critici. Inoltre, l'AI può ottimizzare il consumo di risorse, calcolando la formula nutrizionale più efficace e i cicli di illuminazione ideali in base alle specifiche esigenze delle colture in tempo reale.

Personalizzazione dei Sistemi per Specifiche Varietà di Piante

Ogni tipo di pianta ha esigenze uniche in termini di nutrizione, illuminazione e spazio. I sistemi idroponici avanzati possono essere adattati e personalizzati per soddisfare queste esigenze specifiche. Ad esempio, alcuni sistemi possono essere configurati per coltivare piante che richiedono più spazio radicale, mentre altri possono essere ottimizzati per colture a ciclo rapido come insalate e erbe aromatiche. Questa personalizzazione non solo aumenta la resa e la qualità delle colture, ma anche la loro sostenibilità globale, minimizzando l'uso in eccesso di risorse.

Sistemi Idroponici Multistrato

Un'altra innovazione nei sistemi idroponici avanzati è l'adozione di configurazioni multistrato, che massimizzano l'uso verticale dello spazio. Questi sistemi possono essere particolarmente utili in ambienti urbani o in altre aree dove lo spazio è limitato. Collocando diversi strati di colture uno sopra l'altro, è possibile aumentare notevolmente la densità di produzione per unità di superficie. Ogni strato può avere il proprio sistema di illuminazione e nutrizione, completamente controllato e ottimizzato per le specie di piante coltivate.

Risposte Dinamiche ai Cambiamenti Ambientali

Sistemi idroponici avanzati spesso includono moduli che permettono loro di rispondere dinamicamente ai cambiamenti ambientali. Questo può includere l'adattamento dei livelli di illuminazione in risposta a variazioni nella luce solare esterna o l'ajustamento della composizione delle soluzioni nutritive in risposta a cambiamenti nella temperatura ambiente. Questa capacità di risposta non solo migliora l'efficienza, ma garantisce anche che le piante siano sempre in condizioni ideali, indipendentemente dalle fluttuazioni esterne.

Sistemi di Feedback Continuo per l'Ottimizzazione Continua

L'efficacia di un sistema idroponico avanzato dipende fortemente dalla sua capacità di auto-regolazione basata su feedback continui. Sistemi di sensoristica avanzata raccolgono dati in tempo reale su ogni aspetto del sistema di coltivazione, dai livelli di umidità del substrato alla concentrazione di specifici nutrienti nella soluzione. Questi dati sono continuamente analizzati per ottimizzare le condizioni di crescita, assicurando che ogni pianta riceva esattamente ciò di cui ha bisogno per prosperare. Questo tipo di monitoraggio e regolazione automatizzati riduce il rischio di errori umani e migliora l'efficienza generale del sistema, garantendo una produzione costante di alta qualità.

Interfaccia Utente Avanzata e Controllo Remoto

Per facilitare la gestione di questi complessi sistemi idroponici, le interfacce utente sono diventate più sofisticate e accessibili. Molti sistemi ora offrono dashboard basate su cloud che permettono agli operatori di monitorare e controllare le operazioni da remoto tramite smartphone o computer. Questo non solo facilita una gestione più flessibile ma permette anche una supervisione costante, che è cruciale per prevenire o risolvere rapidamente qualsiasi problema che potrebbe influenzare la salute delle piante o l'efficacia del sistema.

Concludendo il punto sui sistemi idroponici avanzati, possiamo evidenziare che Nutrient Film Technique (NFT), Deep Water Culture (DWC), e Aeroponics rappresentano i pilastri della moderna coltivazione idroponica, ciascuno con le proprie specifiche applicazioni, vantaggi e sfide. L'efficacia di questi sistemi è notevolmente migliorata attraverso l'integrazione di tecnologie avanzate come la robotica, l'intelligenza artificiale, e la personalizzazione adattiva, tutte volte a ottimizzare l'ambiente di crescita per massimizzare la resa e la qualità delle colture.

Riflessioni Finali sui Sistemi Idroponici Avanzati

1. **Tecnologia e Innovazione**: La costante evoluzione delle tecnologie come AI, sensoristica avanzata e automazione robotica ha trasformato i sistemi idroponici da semplici configurazioni di coltivazione senza suolo a complessi ecosistemi di produzione alimentare che possono operare con una precisione e un'efficienza senza precedenti. Questi avanzamenti tecnologici non solo migliorano la gestione delle risorse come acqua e nutrienti, ma riducono anche il carico di lavoro umano, rendendo la coltivazione più sostenibile e economicamente vantaggiosa.

2. **Personalizzazione e Adattabilità**: L'abilità di personalizzare e adattare questi sistemi a vari tipi di piante e ambienti di crescita rappresenta un notevole vantaggio. La possibilità di modificare le condizioni ambientali specifiche per ogni tipo di pianta permette di esplorare nuove varietà e ottimizzare le condizioni per massimizzare la crescita e la resa.

3. **Sostenibilità e Impatto Ambientale**: L'adozione di sistemi idroponici avanzati promuove la sostenibilità attraverso un uso più efficiente delle risorse naturali. Questi sistemi minimizzano il consumo di acqua, riducono la necessità di pesticidi e fertilizzanti chimici e possono essere alimentati da fonti di energia rinnovabile. Inoltre, la capacità di coltivare alimenti in ambienti controllati riduce la dipendenza dalle

condizioni meteorologiche e dai suoli fertili, fornendo una risposta efficace ai problemi di sicurezza alimentare in aree urbane o regioni colpite da cambiamenti climatici.

4. **Educazione e Accessibilità**: Mentre la tecnologia avanzata può semplificare la gestione dei sistemi idroponici, è essenziale che gli operatori ricevano la formazione adeguata per sfruttare appieno queste innovazioni. La crescente complessità dei sistemi richiede competenze specifiche in biologia delle piante, ingegneria meccanica, e software di gestione, sottolineando la necessità di programmi educativi e di formazione professionale che possano preparare una nuova generazione di agricoltori tecnologici.

5. **Scalabilità e Economie di Scala**: La progettazione modulare e scalabile dei sistemi idroponici avanzati permette agli agricoltori di espandere le loro operazioni con relativa facilità, adattando l'infrastruttura alle mutevoli esigenze del mercato o dell'ambiente produttivo. Questo facilita la realizzazione di economie di scala, rendendo l'agricoltura idroponica una soluzione sempre più praticabile per la produzione alimentare su larga scala.

In sintesi, i sistemi idroponici avanzati come NFT, DWC e Aeroponics rappresentano la frontiera dell'agricoltura sostenibile, con un potenziale vasto per rivoluzionare il modo in cui produciamo cibo. La loro implementazione, se ben gestita e continuamente aggiornata con le ultime tecnologie, può non solo affrontare efficacemente le sfide della produzione alimentare moderna, ma anche migliorare significativamente la sostenibilità e l'efficacia del settore agricolo globale.

3. Selezione delle colture - Guida alla scelta delle piante più adatte per sistemi idroponici avanzati, inclusi frutti, verdure e piante ornamentali.

Selezionare le colture adatte per un sistema idroponico avanzato è essenziale per massimizzare l'efficienza e la produttività del sistema. La scelta deve considerare vari fattori, inclusi il sistema idroponico utilizzato, le condizioni ambientali, la gestione dei nutrienti e la domanda di mercato. Ecco una guida dettagliata su come scegliere le piante più adatte per i sistemi idroponici avanzati, suddivise per frutti, verdure e piante ornamentali.

Frutti adatti per l'Idroponica Avanzata

1. **Fragole**: Le fragole sono tra i frutti più popolari coltivati in sistemi idroponici, specialmente in sistemi NFT o Aeroponici. Richiedono un controllo preciso dei nutrienti e del pH, ma possono produrre raccolti abbondanti e di alta qualità.

2. **Pomodori**: I pomodori sono molto adatti per sistemi DWC e Aeroponici, dove possono essere supportati per gestire la loro altezza e il loro peso. I pomodori richiedono un'attenta gestione del rapporto calcio/magnesio nella soluzione nutritiva e beneficiano di una buona aerazione delle radici.

3. **Peperoni**: Adatti per DWC e Aeroponics, i peperoni richiedono temperature stabili e un buon controllo della luce. Sono sensibili agli squilibri nutritivi, quindi un sistema avanzato che può monitorare e regolare la soluzione nutritiva è ideale.

4. **Melanzane**: Simili ai pomodori nella loro crescita, le melanzane prosperano in sistemi idroponici ben gestiti dove il controllo ambientale può promuovere una crescita costante e prevenire problemi come il collasso dei fiori.

Verdure adatte per l'Idroponica Avanzata

1. **Lattuga e altre insalate**: Crescono rapidamente in sistemi NFT o DWC, dove la loro esigenza di radici poco profonde e cicli di crescita brevi si adattano perfettamente. La lattuga richiede temperature più fredde e una buona circolazione dell'aria per prevenire malattie fungine.

2. **Spinaci**: Questi si adattano bene all'idroponica grazie ai loro brevi cicli di crescita e bassa statura. Gli

spinaci beneficiano della capacità di regolare
rapidamente i nutrienti in sistemi come l'NFT.

3. **Erbe aromatiche (basilico, coriandolo, menta)**: Le
   erbe aromatiche sono ideali per l'idroponica,
   specialmente in sistemi verticali, grazie alla loro
   continua richiesta di raccolto e alla rapida crescita.
   Richiedono meno spazio e possono essere coltivate in
   densità relativamente alta.

4. **Cavoli e kale**: Queste colture a foglia larga possono
   essere coltivate efficacemente in sistemi idroponici
   che supportano piante più grandi e pesanti, come i
   sistemi DWC modificati. Richiedono un controllo
   attento dell'illuminazione per massimizzare la
   crescita delle foglie senza promuovere lo sviluppo di
   fiori.

Piante ornamentali adatte per l'Idroponica Avanzata

1. **Orchidee**: Mentre tradizionalmente coltivate in terra,
   le orchidee possono trarre vantaggio dagli ambienti
   controllati dell'idroponica, specialmente
   l'Aeroponica, che mimetizza il loro ambiente naturale
   areato e umido.

2. **Anthurium**: Queste piante ornamentali tropicali
   prosperano in ambienti umidi e ben ventilati,
   rendendo i sistemi idroponici come l'Aeroponica una
   scelta ideale per il loro sviluppo.

3. **Felci**: Vari tipi di felci possono essere coltivati idroponicamente, sfruttando la capacità di questi sistemi di mantenere un ambiente umido e controllato, simile al loro habitat naturale.

4. **Pothos**: Questa pianta rampicante è notoriamente tollerante e versatile, adatta a sistemi idroponici dove può essere lasciata crescere liberamente o guidata lungo supporti.

Considerazioni Finali nella Scelta delle Colture

La selezione delle piante per un sistema idroponico avanzato deve essere guidata da un'analisi dettagliata delle esigenze specifiche di ogni pianta in termini di luce, temperatura, umidità, e nutrienti. È essenziale considerare anche la praticità della coltivazione in ambiente controllato e la potenziale redditività della coltura. Allo stesso tempo, è fondamentale avere una comprensione chiara della capacità del sistema idroponico di mantenere le condizioni ottimali per ogni tipo di pianta, garantendo così la massima efficienza e produttività del sistema.

Ottimizzazione delle Colture per Condizioni Specifiche

Quando si selezionano colture per sistemi idroponici avanzati, è cruciale considerare come le caratteristiche uniche di ogni pianta influenzano la loro idoneità all'idroponica. Ad esempio, le piante che preferiscono ambienti secchi, come alcune varietà di cactus o succulente, possono non essere le scelte ideali per sistemi idroponici tradizionali ma potrebbero adattarsi bene in sistemi Aeroponici dove l'umidità è più controllabile e meno invadente. La comprensione delle esigenze specifiche di ogni pianta consente agli operatori di modificare il sistema per garantire il successo colturale.

Gestione Avanzata dei Nutrienti

La selezione della coltura deve andare di pari passo con una gestione avanzata dei nutrienti. Ogni pianta ha esigenze nutrizionali diverse che possono variare significativamente durante le diverse fasi della sua vita. Per esempio, mentre le piante giovani potrebbero necessitare di più azoto per promuovere la crescita fogliare, le piante in fase di fioritura o fruttificazione potrebbero trarre maggiore beneficio da un aumento dei fosfati. Un sistema idroponico avanzato consente la precisione nella somministrazione di questi nutrienti, ottimizzando le condizioni per la crescita specifica di ogni tipo di pianta.

Impatto della Selezione delle Colture sul Rendimento

La scelta delle piante influisce direttamente sul rendimento del sistema idroponico. Le colture a ciclo rapido come lattuga o basilico possono offrire raccolti frequenti e un ritorno economico più rapido. Al contrario, piante che richiedono periodi più lunghi per maturare, come i pomodori o le melanzane, possono richiedere maggiore pazienza e risorse, ma spesso offrono margini di profitto più alti per unità di superficie coltivata. Gli operatori devono bilanciare questi fattori basandosi sugli obiettivi specifici della loro operazione idroponica.

Uso della Tecnologia per la Selezione delle Colture

La tecnologia moderna offre strumenti che possono assistere nella selezione delle colture per sistemi idroponici avanzati. Software di simulazione può aiutare a prevedere come le piante reagiranno a vari ambienti idroponici, consentendo agli agricoltori di fare scelte informate prima di stabilire fisicamente le colture. Questi programmi possono considerare variabili come l'intensità luminosa, la composizione della soluzione nutritiva, e la temperatura per fornire scenari di crescita basati su dati.

Considerazioni Economiche nella Selezione delle Colture

Dal punto di vista commerciale, la selezione delle colture dovrebbe anche riflettere le tendenze di mercato e le preferenze dei consumatori. Colture che godono di una domanda stabile o in crescita, come erbe aromatiche biologiche o insalate gourmet, possono offrire migliori opportunità di mercato. Allo stesso tempo, la coltivazione di varietà esotiche o di nicchia può permettere agli agricoltori di distinguersi in mercati saturi, anche se queste scelte possono comportare rischi più elevati e necessitano di un marketing più strategico.

Risposte Flessibili ai Cambiamenti di Mercato

In un ambiente agricolo che cambia rapidamente, la capacità di adattare rapidamente le colture è un vantaggio significativo dei sistemi idroponici avanzati. La relativa facilità con cui si possono modificare i setup idroponici permette agli agricoltori di rispondere dinamicamente alle fluttuazioni del mercato, come il cambiamento delle preferenze dei consumatori o l'introduzione di nuove regolamentazioni sanitarie. Questo può essere particolarmente vantaggioso in scenari di incertezza economica o cambiamenti climatici, dove la flessibilità operativa diventa cruciale per la sostenibilità aziendale.

Collaborazione e Ricerca Continua

Infine, la selezione delle colture in un contesto idroponico avanzato può beneficiare significativamente dalla collaborazione con istituti di ricerca e università. Queste partnership possono aiutare a testare e sviluppare varietà di piante specificamente adattate all'idroponica, migliorando non solo il rendimento e la qualità delle colture ma anche la resistenza delle piante a malattie e stress ambientali. La ricerca continua è fondamentale per avanzare le capacità dei sistemi idroponici e per assicurare che la selezione delle colture sia basata su solide conoscenze scientifiche e pratiche sostenibili.

Valutazione dell'Impatto Ambientale nella Selezione delle Colture

Un altro aspetto importante nella selezione delle colture per i sistemi idroponici avanzati è la valutazione dell'impatto ambientale. Le pratiche di coltivazione sostenibile e le considerazioni ecologiche sono diventate cruciali nei criteri di selezione. Per esempio, la scelta di colture che richiedono meno risorse idriche e nutrienti può ridurre l'impronta ecologica dell'idroponica. Inoltre, alcune piante possono contribuire a purificare l'aria e l'acqua nel sistema, aumentando l'efficienza complessiva e promuovendo un ambiente di crescita più sano.

Strategie di Diversificazione delle Colture

La diversificazione delle colture in un sistema idroponico avanzato può aiutare a mitigare i rischi finanziari e biologici. Coltivare una varietà di piante non solo garantisce un flusso di entrate più stabile distribuito tutto l'anno ma può anche ridurre la probabilità di epidemie di malattie, poiché i patogeni specifici di una coltura sono meno probabili di influenzare tutte le piante in un sistema diversificato. Inoltre, la diversificazione può aiutare a ottimizzare l'uso dello spazio e delle risorse, con piante a cicli di crescita diversi che occupano il sistema in momenti differenti.

Impatto della Selezione delle Colture sulle Esigenze di Lavoro

La selezione delle colture influisce anche sulle esigenze di lavoro e sulla complessità operativa di un sistema idroponico. Alcune piante possono richiedere attenzioni più frequenti o tecniche di coltivazione specializzate, aumentando il costo del lavoro e la necessità di formazione avanzata per il personale. Optare per piante che si adattano bene agli ambienti idroponici automatizzati può ridurre significativamente la mano d'opera necessaria e migliorare l'efficienza operativa.

Uso di Coperture Vegetali e Piante Compagnie

Incorporare coperture vegetali o piante compagne nei sistemi idroponici può migliorare la salute del sistema e ridurre la necessità di input chimici. Queste piante possono aiutare a regolare naturalmente il sistema attraverso il rilascio di sostanze che promuovono la crescita delle piante o scoraggiano i parassiti. Ad esempio, coltivare basilico vicino ai pomodori può aiutare a respingere alcuni insetti dannosi e migliorare il gusto dei pomodori, dimostrando come la selezione strategica delle colture possa avere benefici multifunzionali.

Monitoraggio e Adattamento Continuo

Il successo a lungo termine nella selezione delle colture in sistemi idroponici avanzati richiede un monitoraggio continuo e l'adattamento alle performance delle colture. L'analisi dei dati raccolti dai sensori e altri strumenti di monitoraggio può fornire insight preziosi sulle esigenze specifiche delle piante e sulle loro risposte alle condizioni ambientali. Queste informazioni possono guidare aggiustamenti futuri nella selezione delle colture o nelle tecniche di coltivazione, assicurando che il sistema rimanga produttivo e sostenibile nel tempo.

Sperimentazione e Innovazione nella Selezione delle Colture

Infine, l'innovazione continua nella selezione delle colture è fondamentale per sfruttare al massimo le potenzialità dei sistemi idroponici avanzati. Sperimentare con nuove varietà di piante o con metodi di coltivazione non convenzionali può portare a scoperte che migliorano la resa, la qualità, e l'efficienza del sistema. Questo processo di sperimentazione dovrebbe essere guidato da una rigorosa valutazione scientifica e da una stretta osservazione delle tendenze del mercato, assicurando che le innovazioni siano sia praticamente applicabili sia economicamente vantaggiose.

Concludendo il punto sulla selezione delle colture per sistemi idroponici avanzati, vediamo che questo processo è cruciale per il successo e l'efficienza di tali sistemi. Ogni decisione relativa alla selezione delle colture deve essere presa con attenzione, considerando non solo le esigenze biologiche delle piante ma anche le implicazioni economiche, ambientali e operative.

Aspetti chiave nella selezione delle colture per l'idroponica avanzata:

1. **Adattabilità delle Piante**: Le colture scelte devono adattarsi bene all'ambiente idroponico, con capacità di crescere e prosperare in condizioni di nutrienti solubili e assenza di suolo. Questa adattabilità è fondamentale per garantire che le piante possano

sfruttare al meglio le condizioni controllate e tecnologicamente avanzate dei sistemi idroponici.

2. **Esigenze Nutrizionali e Ambientali**: Ogni pianta ha specifiche esigenze nutrizionali e ambientali che devono essere meticolosamente gestite in un sistema idroponico. La selezione delle colture deve tener conto della facilità con cui queste esigenze possono essere soddisfatte attraverso la soluzione nutritiva e il controllo ambientale forniti dal sistema.

3. **Cicli di Crescita e Resa**: Considerare i cicli di crescita delle colture e la loro potenziale resa è essenziale. Piante con cicli di crescita rapidi o colture continuative possono offrire ritorni più rapidi e frequenti, ottimizzando l'uso dello spazio e delle risorse.

4. **Resistenza a Malattie e Parassiti**: La capacità delle colture di resistere a malattie e parassiti con minimi interventi chimici è particolarmente importante in un ambiente idroponico, dove le condizioni possono spesso favorire la rapida diffusione di patogeni se non gestite correttamente.

5. **Impatto Economico e Commerciale**: La scelta delle colture deve riflettere considerazioni di mercato, includendo la domanda dei consumatori, il valore di mercato delle colture e la sostenibilità delle pratiche di coltivazione a lungo termine. La selezione strategica delle colture che sono in alta domanda o

che possono comandare un premio di prezzo può significativamente influenzare la redditività dell'operazione idroponica.

6. **Sostenibilità Ambientale**: Le pratiche di selezione delle colture dovrebbero supportare la sostenibilità ambientale, scegliendo piante che utilizzano efficientemente le risorse come l'acqua e i nutrienti, e che possono essere coltivate in condizioni che minimizzano l'impatto ambientale dell'agricoltura.

7. **Innovazione e Sperimentazione**: Mantenere un approccio aperto e innovativo nella selezione delle colture può portare a significativi avanzamenti nel campo dell'idroponica. La sperimentazione con nuove varietà o specie può aprire nuove opportunità di mercato e migliorare le pratiche colturali.

8. **Feedback e Adattamento Continui**: L'efficacia della selezione delle colture deve essere continuamente valutata attraverso il monitoraggio delle prestazioni delle piante e l'adattamento delle pratiche in risposta ai dati raccolti. Questo approccio iterativo garantisce che il sistema idroponico rimanga all'avanguardia in termini di produttività e sostenibilità.

In sintesi, la selezione delle colture per sistemi idroponici avanzati non è solo una questione di scegliere le piante che crescono bene in acqua. È un processo complesso che richiede un'attenta considerazione di molti fattori interdipendenti, dalla biologia delle piante alle esigenze del mercato, fino alle preoccupazioni ambientali. Un approccio olistico e ben informato alla selezione delle colture è fondamentale per il successo a lungo termine di qualsiasi impianto idroponico avanzato.

4. Soluzioni nutritive - Composizione chimica, bilanciamento dei nutrienti e personalizzazione delle soluzioni per diverse colture.

La creazione di soluzioni nutritive per sistemi idroponici avanzati è un aspetto essenziale che richiede una comprensione profonda della composizione chimica, del bilanciamento dei nutrienti e della capacità di personalizzazione in base alle esigenze specifiche delle diverse colture. La soluzione nutritiva deve fornire tutti gli elementi necessari per la crescita delle piante in forma solubile e in proporzioni bilanciate.

Composizione Chimica delle Soluzioni Nutritive

Le soluzioni nutritive idroponiche sono composte principalmente da macronutrienti e micronutrienti essenziali. I macronutrienti includono azoto (N), fosforo (P), potassio (K), calcio (Ca), magnesio (Mg) e zolfo (S), che sono necessari in grandi quantità. Gli azoti possono essere forniti sotto forma di nitrati, ammonio o urea. I fosfati e il solfato di potassio sono comuni fonti di fosforo e potassio, rispettivamente.

I micronutrienti, necessari in quantità minori ma cruciali per la salute e la crescita delle piante, includono ferro (Fe), manganese (Mn), zinco (Zn), rame (Cu), boro (B), molibdeno (Mo) e cloro (Cl). Questi sono tipicamente aggiunti come chelati, che sono più facilmente assorbibili dalle piante.

Bilanciamento dei Nutrienti

Il bilanciamento dei nutrienti è fondamentale per prevenire carenze o tossicità, che possono entrambe compromettere la crescita della pianta. Il rapporto tra i vari nutrienti deve essere adeguato alle specifiche esigenze delle colture:

- **Azoto (N)**: essenziale per la crescita delle foglie e la sintesi delle proteine.

- **Fosforo (P)**: cruciale per lo sviluppo delle radici e la fioritura.

- **Potassio (K)**: importante per la fotosintesi e la regolazione osmotica.

Il pH della soluzione nutritiva deve essere mantenuto in un intervallo che massimizza la disponibilità dei nutrienti, generalmente tra 5.5 e 6.5, a seconda della pianta.

Personalizzazione delle Soluzioni per Diverse Colture

Ogni tipo di pianta ha esigenze specifiche in termini di nutrienti che possono variare non solo tra specie diverse ma anche nelle diverse fasi della loro crescita. Per esempio, le piante da frutto possono richiedere livelli più alti di potassio durante la fase di fruttificazione, mentre le piante a foglia verde potrebbero beneficiare di livelli più elevati di azoto per promuovere la crescita foliare.

La personalizzazione può anche riguardare l'adattamento della soluzione nutritiva a condizioni ambientali specifiche o alla qualità dell'acqua disponibile, che potrebbe richiedere aggiustamenti nei livelli di determinati minerali per compensare gli squilibri.

Tecniche di Misurazione e Ajustamento

Il controllo regolare della soluzione nutritiva è necessario per mantenere l'equilibrio ottimale dei nutrienti. Strumenti come conduttimetri (per misurare la conducibilità elettrica, un indicatore della concentrazione totale di sali disciolti) e pHmetri sono essenziali per monitorare e ajustare la soluzione nutritiva:

- **Conducibilità Elettrica (EC)**: Un EC più alto indica una maggiore concentrazione di nutrienti. Ogni coltura ha un range specifico di EC che supporta la migliore crescita.

- **pH**: L'ajustamento del pH è necessario per mantenere la disponibilità ottimale dei nutrienti. Variazioni del pH possono rendere alcuni nutrienti insolubili o inaccessibili alle piante.

Strategie per la Preparazione e il Mantenimento della Soluzione Nutritiva

Preparare e mantenere la soluzione nutritiva richiede attenzione costante e modifiche basate su feedback regolari ottenuti tramite test. L'aggiunta periodica di nutrienti e l'ajustamento del pH sono pratiche standard. È anche importante sostituire regolarmente la soluzione per evitare l'accumulo di nutrienti non assorbiti o la degradazione dei componenti della soluzione.

In conclusione, la gestione delle soluzioni nutritive in un sistema idroponico avanzato richiede una comprensione dettagliata della chimica delle soluzioni, una conoscenza approfondita delle esigenze delle piante e l'abilità di personalizzare e ajustare la soluzione in base a variabili ambientali e specifiche della coltura. Questo è un componente critico per massimizzare la produttività del sistema idroponico e garantire la salute e la qualità delle piante coltivate.

Implicazioni Ecologiche della Gestione delle Soluzioni Nutritive

La gestione sostenibile delle soluzioni nutritive è cruciale non solo per la salute delle piante ma anche per l'impatto ambientale complessivo dei sistemi idroponici avanzati. L'uso efficiente dei nutrienti riduce la necessità di fertilizzanti chimici, minimizzando il deflusso di nutrienti in eccesso che potrebbe portare a problemi ambientali come l'eutrofizzazione delle acque. Inoltre, sistemi di riciclo e riutilizzo delle soluzioni nutritive possono diminuire significativamente il consumo di acqua e nutrienti.

Integrazione di Nuove Tecnologie per la Monitorizzazione Nutritiva

L'adozione di sensori avanzati e di tecnologie IoT (Internet of Things) può trasformare il monitoraggio delle soluzioni nutritive, rendendolo più preciso e meno laborioso. Questi strumenti permettono la raccolta di dati in tempo reale e il loro invio a sistemi centralizzati che possono analizzare e ajustare automaticamente la composizione della soluzione nutritiva. L'uso di questi sistemi non solo migliora l'accuratezza ma anche permette una risposta quasi immediata a eventuali squilibri rilevati.

Approcci Predittivi nel Bilanciamento dei Nutrienti

Con l'avanzamento delle tecnologie di analisi dei dati, diventa possibile implementare modelli predittivi che anticipano le esigenze nutritive delle piante basandosi su pattern di crescita, condizioni ambientali previste e stadi di sviluppo della pianta. Questi modelli possono guidare la formulazione di soluzioni nutritive personalizzate che ottimizzano la salute e la produttività delle piante, riducendo al contempo lo spreco di risorse.

Impatto della Qualità dell'Acqua sulle Soluzioni Nutritive

La qualità dell'acqua utilizzata per preparare le soluzioni nutritive è un fattore critico che può influenzare significativamente l'efficacia di un sistema idroponico.

Acqua contenente alti livelli di minerali disciolti (acqua dura) può richiedere un trattamento preliminare per rimuovere o ridurre la concentrazione di questi minerali, che potrebbero altrimenti precipitare e interferire con l'assorbimento dei nutrienti essenziali dalle piante. La gestione della qualità dell'acqua deve essere quindi una priorità nell'ottimizzazione delle soluzioni nutritive.

Personalizzazione Avanzata Basata su Feedback delle Piante

Tecniche di imaging avanzate e sensori per la misurazione diretta dello stato nutrizionale delle piante possono fornire feedback preziosi per la personalizzazione delle soluzioni nutritive. Ad esempio, la spettroscopia può essere utilizzata per analizzare la salute delle foglie e identificare carenze di nutrienti specifici prima che diventino visibili ad occhio nudo. Questi dati possono essere utilizzati per ajustare in modo proattivo le soluzioni nutritive, assicurando che ogni pianta riceva esattamente ciò di cui ha bisogno per una crescita ottimale.

Gestione delle Soluzioni in Condizioni Estreme

In condizioni ambientali estreme, come alte temperature o elevata luminosità, le piante possono esibire una maggiore traspirazione e quindi un consumo accelerato di acqua e nutrienti. In questi casi, la soluzione nutritiva deve essere monitorata e ajustata più frequentemente per compensare l'evaporazione e l'assorbimento accelerato. Questo è particolarmente rilevante in ambienti come le serre in zone climatiche calde o sistemi idroponici esposti a condizioni di stress ambientale.

Ruolo della Biologia Molecolare nella Nutrizione delle Piante

La biologia molecolare offre strumenti avanzati per comprendere meglio come le piante assorbono e metabolizzano i nutrienti. Questa comprensione può guidare lo sviluppo di soluzioni nutritive che sono non solo bilanciate chimicamente ma anche ottimizzate per l'espressione genetica delle piante, promuovendo percorsi metabolici che favoriscono la crescita, la resistenza alle malattie o la qualità dei frutti.

Connettività e Controllo Remoto delle Soluzioni Nutritive

L'implementazione di sistemi di gestione delle soluzioni nutritive che possono essere controllati remotamente attraverso applicazioni mobili o piattaforme web fornisce un livello senza precedenti di convenienza e controllo. Gli agricoltori possono ora monitorare e ajustare le soluzioni nutritive da qualsiasi luogo, garantendo che le loro piante ricevano costantemente il supporto necessario per prosperare, anche quando non sono fisicamente presenti sul sito di coltivazione.

Approcci Integrativi per la Gestione della Salinità nelle Soluzioni Nutritive

Un importante aspetto della gestione delle soluzioni nutritive nei sistemi idroponici avanzati è la gestione della salinità. L'accumulo di sali può diventare problematico, soprattutto in sistemi chiusi dove l'evaporazione può concentrare i soluti. Per controllare la salinità, è essenziale implementare strategie come il drenaggio periodico e la sostituzione di parti della soluzione nutritiva. L'uso di strumenti di misurazione della conduttività elettrica (EC) aiuta a monitorare i livelli di salinità e ad ajustare la diluizione della soluzione per mantenere un equilibrio ottimale e prevenire danni alle radici delle piante dovuti all'eccesso di sali.

Adozione di Sistemi di Rilascio Controllato dei Nutrienti

L'adozione di tecnologie come i sistemi di rilascio controllato dei nutrienti può ulteriormente ottimizzare la nutrizione delle piante. Questi sistemi possono essere programmabili per rilasciare nutrienti in modo più lento e controllato, basato su sensori che rilevano la richiesta effettiva delle piante. Ciò migliora l'efficienza dell'uso dei nutrienti e riduce il rischio di eccessi o carenze, permettendo una crescita più uniforme e prevenendo lo spreco di risorse.

Interazione tra Nutrienti e pH

La relazione tra i nutrienti disponibili per le piante e il pH della soluzione è fondamentale. Diversi nutrienti hanno diversi livelli di disponibilità a seconda del pH della soluzione. Ad esempio, il ferro è più disponibile in condizioni leggermente acide, mentre il calcio e il magnesio sono più solubili in condizioni più alcaline. Mantenere il pH entro un range ottimale che bilancia la disponibilità di tutti i nutrienti essenziali è una sfida chiave ma cruciale per la salute e la produttività delle colture.

Ruolo dei Microrganismi nelle Soluzioni Nutritive

L'integrazione di microrganismi benefici nelle soluzioni nutritive è un'altra strategia avanzata che può migliorare la salute e la crescita delle piante. Questi microrganismi possono aiutare nella bio-disponibilità dei nutrienti, nella protezione dalle malattie radicicolari e nell'incremento dell'assorbimento dei nutrienti attraverso la simbiosi con le radici delle piante. L'uso di consorti microbici selezionati può quindi essere un modo efficace per migliorare naturalmente la resilienza e l'efficacia nutrizionale delle colture idroponiche.

Personalizzazione delle Soluzioni Nutritive Basata su Dati Genetici

L'analisi genetica delle piante offre possibilità rivoluzionarie per personalizzare le soluzioni nutritive. Identificando i tratti genetici che influenzano l'assorbimento e l'utilizzo dei nutrienti, gli agricoltori possono sviluppare soluzioni nutritive su misura che massimizzano questi tratti per specifiche varietà o ceppi di piante. Questo approccio di precisione può significativamente incrementare l'efficienza della coltivazione idroponica, riducendo al contempo gli input necessari e aumentando la qualità del raccolto.

Valutazione Continua del Ciclo di Vita delle Soluzioni Nutritive

È fondamentale una valutazione continua del ciclo di vita delle soluzioni nutritive, dalla preparazione alla disposizione. Questo include il monitoraggio dell'uso efficace durante il ciclo di coltivazione e l'implementazione di pratiche di smaltimento o riutilizzo ecologicamente responsabili. L'analisi del ciclo di vita aiuta a identificare punti critici dove miglioramenti possono ridurre l'impato ambientale e ottimizzare la sostenibilità complessiva del sistema idroponico.

Sviluppo di Protocolli di Sicurezza per la Manipolazione delle Soluzioni Nutritive

Lo sviluppo e l'implementazione di protocolli di sicurezza per la manipolazione delle soluzioni nutritive sono essenziali per proteggere sia le piante che gli operatori. Questi protocolli includono linee guida su come mischiare correttamente i nutrienti, come gestire e immagazzinare sostanze chimiche potenzialmente pericolose, e come rispondere a versamenti o altre emergenze. La formazione continua del personale su questi protocolli è cruciale per mantenere un ambiente di lavoro sicuro e produttivo.

In sintesi, la gestione delle soluzioni nutritive in idroponica avanzata è un campo complesso che richiede un approccio integrato e basato su evidenze per garantire il successo colturale e la sostenibilità operativa.

Concludendo la discussione sulla gestione delle soluzioni nutritive nei sistemi idroponici avanzati, è evidente che questo aspetto riveste un ruolo cruciale nell'ottimizzazione della crescita delle piante e nell'efficienza complessiva del sistema. Un approccio scientifico e dettagliato alla formulazione e al mantenimento delle soluzioni nutritive è indispensabile per massimizzare la produzione e garantire la sostenibilità ambientale.

Punti Chiave nella Gestione delle Soluzioni Nutritive

1. **Formulazione Precisa**: Ogni soluzione nutritiva deve essere formulata con precisione per soddisfare le esigenze specifiche delle piante in coltura, basandosi su una profonda conoscenza della composizione chimica richiesta e dell'interazione tra diversi nutrienti e il pH.

2. **Monitoraggio Continuo**: L'implementazione di sistemi di monitoraggio continuo attraverso sensori e altre tecnologie IoT permette di mantenere le condizioni ottimali della soluzione nutritiva,

identificando rapidamente eventuali deviazioni e permettendo ajustamenti tempestivi.

3. **Adattabilità e Personalizzazione**: Le soluzioni nutritive devono essere adattabili e personalizzabili per rispondere alle diverse fasi di crescita delle piante, nonché per adattarsi a variazioni ambientali che possono influenzare l'assorbimento dei nutrienti.

4. **Gestione della Salinità e del pH**: Controllare la salinità e il pH della soluzione nutritiva è fondamentale per prevenire problemi di tossicità o carenze nutrizionali, garantendo che i nutrienti rimangano disponibili per l'assorbimento delle piante.

5. **Uso di Microrganismi Benefici**: Integrare microrganismi benefici nella soluzione nutritiva può promuovere una crescita più sana delle piante, migliorando l'assorbimento dei nutrienti e la resistenza a malattie e stress ambientali.

6. **Sostenibilità e Impatto Ambientale**: Le pratiche di gestione delle soluzioni nutritive devono essere valutate nel loro impatto ambientale, compresa la minimizzazione dello spreco di nutrienti e la riduzione dell'uso di risorse non rinnovabili.

7. **Sicurezza e Formazione**: Assicurare la sicurezza nella manipolazione delle soluzioni nutritive richiede protocolli chiari e una formazione adeguata del

personale, per prevenire incidenti e garantire il mantenimento delle condizioni ottimali di crescita.

8. **Feedback e Innovazione**: La raccolta di feedback costante e l'adozione di innovazioni nel campo della nutrizione delle piante possono continuamente migliorare la qualità e l'efficienza delle soluzioni nutritive.

9. **Valutazione del Ciclo di Vita**: Analizzare e ottimizzare il ciclo di vita delle soluzioni nutritive, dalla loro creazione al loro smaltimento o riutilizzo, è essenziale per un approccio sostenibile e responsabile.

Conclusione

In conclusione, la gestione efficace delle soluzioni nutritive in un sistema idroponico avanzato è un processo complesso che richiede una comprensione approfondita della scienza della nutrizione delle piante, una vigilanza costante e una capacità di adattamento alle mutevoli esigenze delle piante e dell'ambiente. Attraverso l'adozione di tecnologie avanzate, pratiche sostenibili e un impegno continuo per la sicurezza e la formazione, i produttori possono non solo ottimizzare la crescita delle piante e la produttività del sistema ma anche contribuire alla creazione di un futuro più verde e sostenibile nell'agricoltura.

5. Illuminazione artificiale - Approfondimenti su LED, lampade a scarica di alta intensità (HID) e la loro applicazione nell'idroponica

L'illuminazione artificiale gioca un ruolo cruciale nell'idroponica, specialmente in ambienti interni dove la luce naturale può essere limitata o assente. Le tecnologie di illuminazione più comunemente utilizzate nei sistemi idroponici avanzati includono i diodi a emissione di luce (LED) e le lampade a scarica di alta intensità (HID). Ogni tipo di illuminazione ha caratteristiche specifiche che possono influenzare la crescita delle piante, il consumo energetico e l'efficienza complessiva del sistema.

Lampade a LED (Diodi Emettitori di Luce)

I LED sono diventati estremamente popolari nell'idroponica per vari motivi, tra cui la loro efficienza energetica e la lunga durata. Sono disponibili in un'ampia gamma di spettri di luce, consentendo una personalizzazione precisa che può migliorare la fotosintesi e stimolare determinati tipi di crescita nelle piante.

Vantaggi dei LED:

- **Efficienza energetica**: Consumano meno energia rispetto alle lampade HID per la stessa quantità di luce emessa, riducendo i costi operativi.

- **Durata lunga**: I LED possono durare fino a 50,000 ore, molto più delle lampade HID.

- **Emissione di calore ridotta**: Producono meno calore, riducendo la necessità di ventilazione aggiuntiva e rischi di danneggiare le piante con il calore eccessivo.

- **Controllo dello spettro**: È possibile ottimizzare lo spettro di luce emesso per specifiche fasi di crescita delle piante, promuovendo la germinazione, la crescita vegetativa o la fioritura.

Svantaggi dei LED:

- **Costo iniziale**: Il costo iniziale dei LED è generalmente più alto rispetto alle lampade HID, anche se questo costo può essere ammortizzato nel tempo attraverso il risparmio energetico.

- **Disponibilità**: Non tutti i tipi di LED sono adatti per tutte le applicazioni idroponiche, e la scelta dello spettro corretto è fondamentale.

Lampade HID (High-Intensity Discharge)

Le lampade HID, tra cui le più comuni sono le lampade al sodio ad alta pressione (HPS) e le lampade alogenuro metallico (MH), sono state per molto tempo lo standard nell'illuminazione idroponica. Sono particolarmente apprezzate per la loro intensità luminosa che può penetrare più in profondità nei canopi delle piante rispetto ad altre opzioni.

Vantaggi delle lampade HID:

- **Intensità luminosa elevata**: Ideali per operazioni su larga scala dove la penetrazione della luce è critica.

- **Effettività del costo**: Il costo iniziale è inferiore rispetto ai LED, rendendole una scelta popolare per gli idroponici con budget limitato.

Svantaggi delle lampade HID:

- **Efficienza energetica inferiore**: Consumano più energia per lumen prodotto rispetto ai LED.

- **Emissione di calore**: Generano molto calore, che può richiedere sistemi di ventilazione e raffreddamento aggiuntivi.

- **Vita utile più breve**: Generalmente, le lampade HID hanno una durata inferiore rispetto ai LED e richiedono sostituzioni più frequenti.

- **Spreco di spettro**: Le lampade HID emettono luce su uno spettro più ampio, con meno capacità di personalizzazione rispetto ai LED, il che può portare a una minore efficienza in termini di promozione della crescita delle piante in specifiche fasi.

Applicazioni nell'Idroponica

La scelta tra LED e HID dipenderà da vari fattori, inclusi il tipo di piante coltivate, il setup specifico dell'idroponica, e le considerazioni di budget e efficienza energetica. I LED stanno diventando sempre più la scelta preferita per nuove installazioni idroponiche grazie alla loro versatilità e sostenibilità a lungo termine, mentre le lampade HID rimangono valide per applicazioni specifiche dove la massima intensità luminosa è cruciale.

In conclusione, l'illuminazione artificiale è una componente fondamentale dell'idroponica avanzata, e la scelta del sistema di illuminazione appropriato può avere un impatto significativo sulla produttività, la qualità delle colture e la sostenibilità economica del sistema idroponico. La continua innovazione e riduzione dei costi dei LED li rendono sempre più attraenti, ma le lampade HID mantengono la loro rilevanza in determinati contesti.

Tecniche Avanzate di Illuminazione e le loro Applicazioni Specifiche

Mentre LED e HID dominano il campo dell'illuminazione idroponica, l'evoluzione tecnologica continua a offrire nuove possibilità e miglioramenti. L'ottimizzazione dello spettro luminoso per fasi specifiche della crescita delle piante è una delle aree più promettenti. Ad esempio, alcuni studi hanno dimostrato che l'uso di luci a LED blu può stimolare la fase vegetativa delle piante, mentre le luci a LED rosse sono più efficaci durante la fioritura. Integrare queste conoscenze in sistemi idroponici avanzati permette agli agricoltori di manipolare le condizioni di crescita in modi precedentemente impossibili, ottimizzando la produzione e migliorando la qualità del raccolto.

Interazione tra Illuminazione e Altri Fattori Ambientali

L'efficacia dell'illuminazione non dipende solo dalla scelta delle lampade ma anche dall'interazione con altri fattori ambientali come la temperatura, l'umidità e la CO2. Ad esempio, elevati livelli di CO2 possono aumentare la tasso di fotosintesi nelle piante, ma solo se accompagnati da una quantità adeguata di luce. La sincronizzazione e l'equilibrio di questi fattori sono cruciali per massimizzare l'efficienza del sistema idroponico. I sistemi di controllo ambientale integrati che regolano automaticamente l'illuminazione, la ventilazione, e l'enrichimento di CO2 possono significativamente migliorare i risultati.

Considerazioni sulla Distribuzione della Luce

La distribuzione uniforme della luce è essenziale per garantire che tutte le piante ricevano l'illuminazione necessaria per una crescita ottimale. Questo è particolarmente importante in configurazioni idroponiche dense o verticali. L'uso di riflettori o sistemi di guida della luce può aiutare a minimizzare le "ombre" causate da piante più alte che bloccano la luce a quelle più basse. Progettare il layout del sistema idroponico con attenzione alla distribuzione della luce può prevenire problemi di crescita disomogenea e garantire un utilizzo efficiente dell'energia luminosa.

Durabilità e Manutenzione delle Soluzioni di Illuminazione

La durabilità e la manutenzione sono considerazioni importanti nella scelta del sistema di illuminazione. Mentre i LED sono noti per la loro lunga durata e bassa manutenzione, le lampade HID, sebbene meno costose inizialmente, richiedono sostituzioni periodiche e una maggiore attenzione alla dissipazione del calore. La scelta del sistema di illuminazione dovrebbe considerare non solo il costo iniziale ma anche i costi a lungo termine associati alla manutenzione e al consumo energetico.

Effetti della Luce sulla Salute delle Piante

L'illuminazione non influisce solo sulla crescita ma anche sulla salute delle piante. Luce insufficiente o un equilibrio sbagliato degli spettri può portare a piante deboli, suscettibili a malattie e parassiti. D'altra parte, una corretta illuminazione può migliorare la robustezza delle piante, aumentare la resistenza al stress e ridurre la necessità di interventi chimici. Monitorare la salute delle piante e ajdustare di conseguenza l'illuminazione può portare a un significativo miglioramento nella prevenzione delle malattie e nella riduzione degli sprechi.

Innovazioni Future nell'Illuminazione Idroponica

Il campo dell'illuminazione idroponica è in continua evoluzione con ricerche che esplorano nuovi spettri di luce, migliori configurazioni di lampade e sistemi integrati che combinano l'illuminazione con altri aspetti della gestione ambientale. L'emergere di nuovi materiali, come i quantum dots, offre promesse per future innovazioni che potrebbero ulteriormente migliorare l'efficienza e la specificità dell'illuminazione per l'idroponica. Queste innovazioni continueranno a spingere i limiti di cosa è possibile in termini di ottimizzazione della crescita delle piante e dell'efficienza energetica nei sistemi idroponici avanzati.

In sintesi, l'illuminazione artificiale nel contesto dell'idroponica avanzata non è solo una questione di fornire luce alle piante; è un elemento complesso e vitale che interagisce con molti altri fattori nel sistema idroponico. Una gestione attenta e informata dell'illuminazione può trasformare il potenziale produttivo di un sistema idroponico, migliorando sia la quantità che la qualità del raccolto prodotto.

Ottimizzazione dell'Efficienza Energetica nell'Illuminazione

Uno degli aspetti più critici nell'uso dell'illuminazione artificiale nell'idroponica è l'efficienza energetica. L'adozione di tecnologie di illuminazione come i LED che hanno un'elevata efficienza luminosa e basso consumo energetico è fondamentale per ridurre i costi operativi e l'impronta carbonica. Inoltre, integrare sistemi di controllo intelligenti che adattano automaticamente l'intensità e la durata della luce in base alle fasi di crescita delle piante e alle condizioni ambientali esterne può ulteriormente ottimizzare il consumo energetico. Questi sistemi possono includere sensori di luce naturale che riducono l'uso della luce artificiale quando la luce solare è sufficiente, assicurando che le piante ricevano la quantità ottimale di luce senza sprechi.

Utilizzo di Tecniche Fotoperiodiche

Le tecniche fotoperiodiche, che manipolano le ore di luce esposte alle piante per stimolare o inibire specifici processi biologici come la fioritura, sono un altro strumento avanzato nell'illuminazione idroponica. Utilizzando un controllo accurato del ciclo di luce/giorno, gli idroponici possono indurre la fioritura o prolungare la fase vegetativa delle piante, a seconda delle esigenze del mercato o degli obiettivi di produzione. Questo tipo di controllo può essere particolarmente utile per colture come il cannabis o certi tipi di fiori ornamentali che sono sensibili alla durata del giorno.

Impatti Psicologici dell'Illuminazione sulle Piante

Studi recenti hanno esplorato non solo gli effetti fisiologici dell'illuminazione sulle piante ma anche potenziali impatti psicologici. Ad esempio, l'esposizione a determinati spettri di luce può influenzare la velocità di crescita delle piante e il loro comportamento di apertura e chiusura delle foglie. Comprendere e sfruttare questi aspetti può aiutare a massimizzare la salute e la produttività delle piante, oltre a migliorare la qualità delle colture prodotte.

Sfide nell'Uso dell'Illuminazione Artificiale

Nonostante i suoi numerosi benefici, l'uso dell'illuminazione artificiale presenta anche sfide. La principale è il costo energetico, particolarmente rilevante in zone dove l'energia è costosa o difficilmente accessibile. Inoltre, l'installazione e la manutenzione di sistemi di illuminazione avanzati richiedono un investimento iniziale significativo e una competenza tecnica che può essere una barriera per alcuni produttori. Infine, la gestione del calore generato dalle lampade, specialmente quelle HID, può richiedere sistemi di raffreddamento aggiuntivi, aumentando ulteriormente i costi e la complessità del sistema.

Innovazioni in Corso e Future Prospettive

L'innovazione continua nel campo dell'illuminazione idroponica è rivolta verso lo sviluppo di soluzioni sempre più efficienti e meno costose. La ricerca è incentrata sul miglioramento della resa luminosa per watt consumato e sulla riduzione del calore prodotto dalle lampade. Inoltre, l'introduzione di tecnologie emergenti come i OLED (diodi organici emettitori di luce) potrebbe aprire nuove possibilità per sistemi di illuminazione ancora più flessibili e meno invasivi.

Conclusioni Parziali

In conclusione, l'illuminazione artificiale rappresenta una componente essenziale dell'idroponica avanzata, con un impatto diretto sulla produttività, l'efficienza e la sostenibilità dei sistemi idroponici. Mentre la tecnologia continua a evolversi, la chiave per il successo nell'illuminazione idroponica rimarrà nella capacità di integrare nuove innovazioni con una comprensione approfondita delle esigenze delle piante e delle dinamiche del sistema di coltivazione. Con l'adozione di pratiche illuminate e l'uso di tecnologie all'avanguardia, gli idroponici possono aspettarsi miglioramenti continui nella qualità e nell'efficienza delle loro colture.

Concludendo la discussione sull'illuminazione artificiale nei sistemi idroponici avanzati, si sottolinea l'importanza cruciale di queste tecnologie non solo per la crescita e la produttività delle piante, ma anche per l'ottimizzazione delle risorse e la sostenibilità ambientale delle operazioni idroponiche. Gli approfondimenti dettagliati sui due principali tipi di illuminazione, LED e HID, nonché considerazioni aggiuntive sul loro uso, rivelano un panorama complesso e in rapida evoluzione che richiede attenzione continua e aggiornamenti tecnologici.

Elementi Chiave per la Gestione dell'Illuminazione in Idroponica

1. **Scelta Tecnologica**: Scegliere tra LED e lampade HID o una combinazione di entrambi in base alle esigenze specifiche delle colture e alla configurazione del sistema idroponico. I LED offrono maggiore efficienza energetica, controllo dello spettro e durata, mentre

le lampade HID sono vantaggiose per la loro intensità luminosa e costi iniziali più bassi.

2. **Personalizzazione dello Spettro Luminoso**: Adattare lo spettro luminoso alle fasi di sviluppo delle piante per stimolare la crescita, la fioritura o altri processi biologici, sfruttando la capacità dei LED di variare lo spettro di emissione.

3. **Efficienza Energetica**: Ottimizzare il consumo energetico attraverso l'uso di tecnologie di illuminazione avanzate e sistemi di controllo che regolano automaticamente l'intensità e la durata dell'esposizione luminosa in base alle condizioni ambientali e alle necessità delle piante.

4. **Gestione del Calore**: Implementare soluzioni per la gestione del calore, specialmente in ambienti con lampade HID, per prevenire stress termico alle piante e ridurre il bisogno di sistemi di raffreddamento energetici.

5. **Monitoraggio e Manutenzione**: Effettuare monitoraggi regolari e manutenzione delle soluzioni di illuminazione per assicurare che operino alla massima efficienza, riducendo i tempi di inattività e prolungando la vita utile del sistema.

6. **Sostenibilità e Impatto Ambientale**: Valutare l'impatto ambientale delle scelte di illuminazione, considerando non solo il consumo energetico, ma

anche la durabilità del sistema e le pratiche di smaltimento o riciclaggio dei componenti di illuminazione.

7. **Integrazione con Altri Sistemi**: Sincronizzare l'illuminazione con sistemi di ventilazione, irrigazione e nutrizione per creare un ambiente di crescita ottimale che sia il più efficiente possibile.

8. **Innovazione e Ricerca**: Mantenere un impegno costante nella ricerca e nello sviluppo di nuove tecnologie di illuminazione che possano offrire miglioramenti in termini di costi, efficienza e efficacia, inclusi sviluppi emergenti come i OLED per applicazioni idroponiche.

Conclusioni Finali

In sintesi, una gestione efficace dell'illuminazione in idroponica non è solo una questione di selezionare l'apparecchiatura giusta; è un processo continuo di ottimizzazione e integrazione che considera le dinamiche complesse di crescita delle piante, le esigenze energetiche e gli impatti ambientali. Gli idroponici che adottano un approccio informato e proattivo alla gestione dell'illuminazione sono ben posizionati per migliorare non solo la salute e la produttività delle loro colture ma anche l'efficienza e la sostenibilità generale delle loro operazioni. Con l'avanzamento tecnologico, il settore dell'illuminazione idroponica continua a offrire nuove opportunità per miglioramenti e innovazioni che possono trasformare radicalmente le pratiche di coltivazione.

6. Controllo del clima - Tecniche per la gestione di temperatura, umidità e circolazione dell'aria in ambienti chiusi.

Il controllo del clima in ambienti idroponici chiusi è fondamentale per massimizzare la crescita delle piante e ottimizzare la produzione. Temperature, umidità e circolazione dell'aria devono essere attentamente regolate per creare un ambiente ideale che promuova la salute delle piante e prevenga problemi come malattie e stress termico. Ecco una panoramica dettagliata delle tecniche per gestire questi fattori critici:

Gestione della Temperatura

1. **Sistemi di Riscaldamento e Raffreddamento**: L'uso di sistemi HVAC (Heating, Ventilation, and Air Conditioning) è comune in ambienti idroponici chiusi per mantenere la temperatura ottimale. Questi sistemi possono essere automatizzati con termostati programmabili per ajustare la temperatura in base alle necessità diurne e notturne delle piante.

2. **Isolamento**: Un buon isolamento dell'ambiente di coltivazione aiuta a mantenere temperature stabili e

riduce il consumo energetico. Materiali isolanti possono essere applicati alle pareti, ai pavimenti e ai soffitti degli spazi di coltivazione.

3. **Schermature e Coperture**: L'utilizzo di schermature o coperture riflettenti può aiutare a mantenere il calore durante i mesi più freddi o riflettere il calore eccessivo durante i periodi caldi.

4. **Riscaldamento Radiale**: Per le radici delle piante, l'uso di tappetini riscaldanti o sistemi di riscaldamento idronico sotto i contenitori di coltivazione può promuovere una crescita radicale ottimale senza surriscaldare l'intero ambiente.

Gestione dell'Umidità

1. **Deumidificatori e Umidificatori**: Il controllo dell'umidità è essenziale per prevenire la formazione di condensa e la proliferazione di funghi e muffe. Deumidificatori possono essere utilizzati per ridurre l'umidità eccessiva, mentre umidificatori possono essere necessari in ambienti troppo secchi.

2. **Ventilazione Adeguata**: Sistemi di ventilazione aiutano a mantenere l'umidità relativa ottimale e a rimuovere l'aria stagnante, ricca di umidità. L'uso di estrattori d'aria e ventole di circolazione può migliorare significativamente la qualità dell'aria.

3. **Vasche di Acqua**: Posizionare vasche di acqua o umidificatori a evaporazione nei punti strategici può

aiutare a incrementare l'umidità in ambienti particolarmente secchi.

Gestione della Circolazione dell'Aria

1. **Sistemi di Ventilazione Forzata**: L'installazione di sistemi di ventilazione forzata è fondamentale per promuovere una circolazione dell'aria efficace. Questi sistemi possono essere configurati per introdurre aria fresca dall'esterno e espellere aria viziata dall'interno, mantenendo così un flusso d'aria costante che aiuta a regolare temperatura e umidità.

2. **Ventole di Circolazione**: Le ventole di circolazione interna sono utili per evitare zone di aria stagnante che possono condurre a malattie delle piante. Posizionate strategicamente, queste ventole possono garantire che ogni parte della pianta riceva l'aria fresca necessaria.

3. **Controllo del Flusso d'Aria**: Regolare il flusso d'aria in base alle fasi di crescita delle piante può migliorare la loro salute e la resa. Ad esempio, le giovani piante potrebbero beneficiare di un flusso d'aria più dolce per evitare stress meccanico, mentre piante più mature possono tollerare flussi d'aria più intensi.

Automazione e Monitoraggio

L'automazione è un aspetto cruciale del controllo climatico in ambienti idroponici chiusi. Sistemi automatizzati possono monitorare continuamente la temperatura, l'umidità e i livelli di CO2, ajustando i sistemi HVAC, i deumidificatori e gli umidificatori in tempo reale per mantenere condizioni ottimali. Questi sistemi possono anche essere collegati a smartphone o altri dispositivi per permettere ai coltivatori di monitorare e controllare l'ambiente da remoto.

Considerazioni Finali

Una gestione efficace del clima in ambienti idroponici chiusi non solo aumenta la produttività delle colture ma anche riduce il rischio di problemi fitosanitari. Mantenendo un controllo stretto su temperatura, umidità e circolazione dell'aria, i coltivatori possono creare un ambiente di crescita quasi ideale, che favorisce la salute e la produttività delle piante. Questo approccio tecnologico e metodico è essenziale per il successo a lungo termine di qualsiasi operazione idroponica avanzata.

Impiego di Sensori Ambientali Avanzati

Nell'ambito del controllo del clima in ambienti idroponici chiusi, l'utilizzo di sensori ambientali avanzati è fondamentale. Questi dispositivi possono monitorare non solo la temperatura e l'umidità, ma anche livelli di CO2, luminosità e persino la qualità dell'aria. L'integrazione di sensori che rilevano la concentrazione di ossigeno e anidride carbonica permette agli operatori di ottimizzare la fotosintesi e la respirazione delle piante. I dati raccolti dai sensori possono essere analizzati per identificare pattern o anomalie, permettendo agli agricoltori di ajustare le condizioni ambientali in modo proattivo prima che possano verificarsi problemi.

Tecniche di Isolamento per il Controllo Climatico

Per ridurre la variazione termica e mantenere un controllo costante del clima interno, l'isolamento gioca un ruolo chiave. Utilizzare materiali isolanti ad alta efficienza può minimizzare la perdita di calore durante i mesi invernali e mantenere l'interno fresco durante l'estate. Ciò riduce significativamente la necessità di intervento dei sistemi di riscaldamento e raffreddamento, migliorando l'efficienza energetica complessiva dell'operazione idroponica. Inoltre, l'isolamento acustico può essere considerato per ridurre il rumore dei ventilatori e altri macchinari, creando un ambiente più stabile per la crescita delle piante e più confortevole per i lavoratori.

Gestione Strategica delle Finestre e degli Apporti di Luce

In alcuni disegni di serre idroponiche, la gestione delle finestre può contribuire significativamente al controllo climatico. L'uso di finestre che possono essere aperte o chiuse automaticamente in base ai sensori di temperatura o umidità permette un'affinata regolazione del clima interno. Inoltre, l'impiego di vetri riflettenti o trattati può aiutare a ottimizzare i livelli di luce, riducendo il bisogno di illuminazione artificiale e minimizzando il surriscaldamento.

Uso di Barriere e Coperture per la Gestione dell'Umidità

In ambienti idroponici, mantenere un livello di umidità adeguato è cruciale per prevenire problemi come la muffa e la clorosi. L'uso di barriere di vapore e coperture speciali può impedire l'eccessiva evaporazione dell'acqua, mantenendo l'ambiente umido. Queste coperture possono anche contribuire a ridurre la formazione di condensa sulle superfici, che può essere un vettore per patogeni.

Sistemi di Ventilazione Innovativi

L'implementazione di sistemi di ventilazione innovativi, che integrano sensori di flusso d'aria e controlli automatici, può migliorare significativamente la circolazione dell'aria e la distribuzione della temperatura all'interno di un ambiente chiuso. Questi sistemi possono essere programmati per operare in modi differenti durante il giorno e la notte o in risposta a specifici requisiti delle piante durante diverse fasi di crescita.

Tecnologie di Nebulizzazione per il Controllo Microclimatico

L'uso di tecnologie di nebulizzazione può aiutare a gestire la temperatura e l'umidità in modi molto precisi, creando microclimi all'interno di un ambiente idroponico più grande. Questi sistemi possono essere particolarmente utili per colture che richiedono condizioni specifiche non facilmente ottenibili in tutto il setup idroponico. La nebulizzazione può anche essere utilizzata per la somministrazione diretta di nutrienti in forma aerosol, ottimizzando ulteriormente l'assorbimento e la distribuzione dei nutrienti.

Controllo Climatico Integrato con Altri Sistemi di Gestione

Infine, l'efficacia del controllo climatico può essere massimizzata attraverso l'integrazione con altri sistemi di gestione idroponica, come l'irrigazione e l'alimentazione. Un sistema di gestione integrato che collega il controllo climatico con l'irrigazione può ajustare automaticamente l'apporto di acqua e nutrienti in base alle condizioni climatiche, assicurando che le piante ricevano esattamente ciò di cui hanno bisogno in ogni momento. Questo tipo di integrazione tecnologica rappresenta la frontiera dell'ottimizzazione delle risorse e della produttività in idroponica avanzata.

Impiego di Sistemi di Controllo Ambientale Intelligente

L'evoluzione dei sistemi di controllo ambientale sta portando alla creazione di ambienti idroponici sempre più automatizzati e intelligenti. I sistemi di controllo intelligenti utilizzano algoritmi sofisticati per analizzare i dati raccolti da sensori ambientali multipli, permettendo di ajustare in tempo reale i parametri di temperatura, umidità e circolazione dell'aria. Questi sistemi possono anche prevedere cambiamenti nelle condizioni ambientali esterne e ajustare internamente le impostazioni per mantenere un ambiente ottimale, minimizzando così l'uso di risorse energetiche e migliorando la sostenibilità complessiva del sistema.

Ruolo dell'Analisi Predittiva nel Controllo Climatico

L'analisi predittiva si sta dimostrando uno strumento prezioso nel controllo del clima idroponico. Utilizzando grandi quantità di dati storici, questi sistemi possono prevedere le necessità future delle piante e identificare i migliori modelli di controllo climatico per massimizzare la crescita e la salute delle piante. Ad esempio, prevedendo un'ondata di calore, un sistema predittivo potrebbe aumentare preventivamente la refrigerazione o l'irrigazione per compensare l'aumento delle temperature, assicurando così che lo stress per le piante sia minimizzato.

Integrazione di Tecnologie di Imaging Termico

Le tecnologie di imaging termico possono essere integrate nei sistemi idroponici per fornire una mappatura dettagliata della distribuzione del calore all'interno dell'ambiente di coltivazione. Questo consente di identificare zone dove la circolazione dell'aria potrebbe essere insufficiente o dove il riscaldamento o il raffreddamento potrebbero non essere equamente distribuiti. Ajustare il sistema di controllo climatico in base a queste informazioni può portare a un uso più efficiente dell'energia e a una crescita più uniforme delle piante.

Miglioramento dell'Isolamento e delle Tecnologie di Schermatura

L'isolamento e le tecnologie di schermatura continuano a evolvere per fornire soluzioni più efficaci nel mantenimento delle condizioni climatiche desiderate. Materiali innovativi che riflettono meglio il calore o che offrono isolamento termico superiore possono ridurre significativamente la necessità di interventi energetici per il riscaldamento o il raffreddamento. Ad esempio, i nuovi materiali fotonici possono essere utilizzati per creare coperture che riflettono selettivamente le lunghezze d'onda infrarosse, mantenendo l'interno più fresco senza impedire la trasmissione della luce visibile necessaria per la fotosintesi.

Ottimizzazione dell'Umidità Tramite Sistemi Avanzati di Nebulizzazione

Sistemi avanzati di nebulizzazione non solo aiutano a mantenere l'umidità ottimale, ma possono anche essere utilizzati per il raffreddamento evaporativo, che è particolarmente efficace in ambienti secchi. Questi sistemi possono essere finemente calibrati per rilasciare micronebbie che evaporano rapidamente, raffreddando l'aria senza lasciare eccessiva umidità che potrebbe favorire la crescita di patogeni.

Strategie di Ventilazione per Ottimizzare la Qualità dell'Aria

Una strategia di ventilazione efficace deve considerare non solo la circolazione dell'aria ma anche la qualità dell'aria interna. L'introduzione controllata di aria esterna può diluire gli agenti inquinanti interni e ridurre l'accumulo di gas nocivi come l'etilene, che può influenzare negativamente la crescita delle piante. L'uso di filtri HEPA o di sistemi di purificazione dell'aria può ulteriormente migliorare la qualità dell'aria, rimuovendo spore, pollini e altri inquinanti.

Conclusioni Parziali sui Sistemi di Controllo Climatico

In sintesi, il controllo climatico in idroponica avanzata richiede un approccio olistico che integra tecnologie all'avanguardia con una comprensione profonda delle esigenze delle piante. Man mano che la tecnologia progredisce, diventa possibile non solo reagire ai cambiamenti ambientali, ma anticiparli, offrendo condizioni ottimali che sostengono la salute delle piante e massimizzano la produttività. Questi sistemi avanzati non solo migliorano l'efficienza operativa ma anche contribuiscono a una maggiore sostenibilità delle pratiche agricole in ambienti controllati.

Utilizzo di Sistemi di Controllo Basati su Intelligenza Artificiale

L'intelligenza artificiale (AI) sta rivoluzionando il modo in cui gli ambienti idroponici gestiscono il clima interno. I sistemi basati su AI possono analizzare continuamente grandi volumi di dati ambientali raccolti da sensori, permettendo non solo di rispondere in tempo reale alle esigenze delle piante ma anche di prevedere future modifiche climatiche interne ed esterne. Ad esempio, algoritmi predittivi possono suggerire l'ottimizzazione del raffreddamento e del riscaldamento basandosi su previsioni meteorologiche a lungo termine, migliorando così l'efficienza energetica complessiva del sistema.

Monitoraggio Remoto e Gestione del Clima

Con l'evoluzione della tecnologia, il monitoraggio remoto e la gestione del clima sono diventati più accessibili. Utilizzando applicazioni mobili o software basati su cloud, gli operatori possono ora controllare e ajustare i sistemi di controllo del clima da qualsiasi parte del mondo. Questo non solo riduce la necessità di presenza fisica costante ma permette anche una reazione più veloce agli eventuali problemi climatici che potrebbero influenzare negativamente la salute delle piante.

Sistemi di Ventilazione Dinamica

L'efficacia della ventilazione in ambienti idroponici chiusi può essere notevolmente migliorata attraverso l'uso di sistemi di ventilazione dinamica. Questi sistemi ajustano automaticamente il volume e la velocità dell'aria ventilata basandosi su sensori di CO_2, umidità e temperatura. Regolando dinamicamente questi parametri, si può garantire un ambiente di crescita ottimale, con livelli adeguati di gas essenziali e una distribuzione uniforme della temperatura e dell'umidità all'interno dello spazio di coltivazione.

Tecnologie di Purificazione dell'Aria Avanzate

Oltre ai tradizionali filtri HEPA, le tecnologie di purificazione dell'aria possono includere sistemi di ionizzazione o di luce

UV, che sono efficaci nell'eliminare patogeni aerei e nel ridurre la carica virale e batterica nell'ambiente. Questi sistemi contribuiscono a creare condizioni sanitarie ottimali e a ridurre la probabilità di malattie delle piante, migliorando la qualità generale e la sicurezza delle colture idroponiche.

Gestione Proattiva dell'Umidità

La gestione dell'umidità va oltre l'uso di deumidificatori e umidificatori. Tecniche come la nebulizzazione programmata possono essere utilizzate per ajustare finemente i livelli di umidità durante periodi critici del ciclo di vita della pianta, come la germinazione o la fioritura. Inoltre, la gestione proattiva dell'umidità può includere sistemi di raccolta e riciclo dell'acqua condensata, migliorando l'efficienza idrica del sistema idroponico.

Integrazione con Sistemi di Gestione Energetica

Integrare il controllo climatico con sistemi di gestione energetica può ulteriormente ottimizzare il consumo di risorse. Questi sistemi possono monitorare e gestionare l'uso di energia in tempo reale, identificando aree dove è possibile risparmiare energia e riducendo il costo operativo complessivo. Per esempio, durante i periodi di basso consumo energetico, il sistema può automaticamente ridurre l'attività di riscaldamento e raffreddamento, mantenendo comunque un ambiente di crescita adeguato.

Valutazione del Rischio e Preparazione per Emergenze

Infine, una gestione efficace del clima in ambienti idroponici chiusi richiede una valutazione regolare dei rischi e una preparazione adeguata per le emergenze. Questo include avere piani in atto per guasti improvvisi di sistemi di riscaldamento o raffreddamento, interruzioni di corrente, o altre emergenze che potrebbero destabilizzare il controllo climatico. La resilienza del sistema può essere migliorata attraverso l'uso di generatori di backup, sistemi di alimentazione ininterrotta (UPS), e protocolli di risposta rapida per assicurare che le piante rimangano protette e che l'ambiente di crescita rimanga stabile anche in condizioni avverse.

Concludendo la discussione sul controllo del clima in ambienti idroponici chiusi, emerge chiaramente che una gestione accurata della temperatura, dell'umidità e della circolazione dell'aria è fondamentale per ottimizzare la crescita delle piante e garantire un'operazione efficiente e produttiva. Le tecnologie avanzate, i sistemi di monitoraggio e le strategie di automazione svolgono ruoli cruciali nel raggiungere questi obiettivi. Ecco una sintesi dettagliata delle considerazioni e delle strategie chiave:

Considerazioni Principali

1. **Controllo Preciso della Temperatura**: Utilizzare sistemi HVAC avanzati e termostati programmabili per mantenere la temperatura ideale specifica per ogni tipo di pianta e fase di crescita. L'isolamento

efficace dell'ambiente coltivato contribuisce a stabilizzare le temperature e ridurre il consumo energetico.

2. **Gestione Ottimale dell'Umidità**: Implementare deumidificatori, umidificatori e sistemi di ventilazione che regolano l'umidità relativa per prevenire problemi di condensa e malattie fungine, garantendo al contempo che le piante ricevano il livello di umidità necessario per una crescita ottimale.

3. **Circolazione dell'Aria Efficiente**: Utilizzare ventole e sistemi di ventilazione forzata per assicurare una circolazione dell'aria adeguata, eliminando le zone di aria stagnante che possono favorire lo sviluppo di patogeni e garantendo una distribuzione uniforme del calore e dell'umidità.

Strategie Avanzate

1. **Integrazione di Tecnologie Intelligenti**: Adottare sistemi di controllo ambientale basati su intelligenza artificiale per monitorare e ajustare automaticamente i parametri ambientali in base ai dati raccolti in tempo reale, ottimizzando così le condizioni di crescita e riducendo i costi operativi.

2. **Monitoraggio Remoto e Gestione**: Implementare soluzioni di monitoraggio remoto per permettere agli operatori di visualizzare e controllare l'ambiente di crescita da qualsiasi luogo, migliorando la capacità di

risposta agli eventi climatici e alle esigenze delle piante.

3. **Uso di Sistemi di Ventilazione Dinamica**: Incorporare tecnologie di ventilazione avanzate che ajustano automaticamente il flusso e la direzione dell'aria per ottimizzare la qualità dell'aria e supportare la salute delle piante in diverse fasi di crescita.

Sostenibilità e Efficienza Energetica

1. **Ottimizzazione Energetica**: Integrare il controllo del clima con sistemi di gestione energetica per monitorare e ridurre il consumo di energia, sfruttando tecnologie come l'isolamento avanzato, le finestre a controllo solare e il riscaldamento radiale per massimizzare l'efficienza energetica.

2. **Preparazione per Emergenze**: Sviluppare e mantenere piani di emergenza robusti che includono backup di energia e sistemi di risposta rapida per minimizzare l'impatto di guasti tecnici o interruzioni esterne sui sistemi di controllo del clima.

Conclusione

In definitiva, il controllo del clima in ambienti idroponici chiusi richiede un approccio complesso e ben coordinato che combina tecnologia avanzata, monitoraggio dettagliato e gestione proattiva. L'adozione di queste strategie non solo migliora la produttività e la qualità delle colture ma promuove anche la sostenibilità a lungo termine dell'agricoltura idroponica. Con l'avanzamento continuo della tecnologia e l'accresciuta comprensione delle esigenze delle piante, i sistemi di controllo del clima diventeranno sempre più sofisticati, consentendo agli idroponici di raggiungere nuovi livelli di efficienza e successo.

L'automazione e l'utilizzo di tecnologie avanzate stanno rivoluzionando il settore dell'idroponica, rendendo i processi più efficienti e meno dipendenti dall'intervento umano diretto. Sensori, timer e sistemi di controllo automatizzati sono fondamentali per monitorare e ottimizzare le condizioni di crescita delle piante, garantendo costantemente la massima efficienza operativa e la migliore qualità del raccolto. Ecco una panoramica dettagliata di come queste tecnologie vengono impiegate nell'idroponica avanzata.

Sensori Avanzati

I sensori sono alla base dell'automazione idroponica. Possono monitorare una vasta gamma di parametri ambientali e di crescita delle piante, inclusi:

- **Umidità del substrato**: Sensori di umidità nel substrato o nella soluzione nutritiva forniscono dati essenziali per assicurare che le piante ricevano l'idratazione adeguata senza eccessi d'acqua che potrebbero portare a radici soffocate o malattie fungine.

- **Nutrienti**: Sensori che misurano la composizione chimica delle soluzioni nutritive permettono ajustamenti precisi e in tempo reale per mantenere l'equilibrio ideale richiesto per la salute delle piante.

- **Temperatura e umidità ambientale**: Vitali per mantenere condizioni climatiche ottimali, questi sensori aiutano a prevenire stress termico o idrico delle piante.

- **Livelli di CO2**: Sensori di CO2 monitorano la concentrazione di anidride carbonica, essenziale per la fotosintesi, permettendo ajustamenti per ottimizzare la crescita.

Timer e Sistemi di Controllo Programmabili

Timer e controllori programmabili sono utilizzati per regolare automaticamente l'irrigazione, l'illuminazione, la ventilazione e altri sistemi supportivi secondo schemi precisi basati sulle esigenze delle piante durante diverse fasi della loro crescita. Questi possono includere:

- **Irrigazione ciclica**: Timer che controllano i sistemi di irrigazione possono essere programmati per fornire acqua e nutrienti in momenti specifici del giorno per massimizzare l'assorbimento e ridurre lo spreco.

- **Cicli di luce**: Programmazione dell'illuminazione artificiale per imitare i cicli naturali di luce e buio, o per fornire schemi di luce ottimizzati per specifiche fasi di crescita delle piante.

- **Ventilazione programmata**: Automazione della ventilazione per regolare i livelli di temperatura e umidità, così come per garantire un ricambio d'aria adeguato.

Sistemi di Controllo Integrati

I sistemi di controllo integrati offrono una piattaforma unica da cui monitorare e gestire tutti gli aspetti di un sistema idroponico. Questi sistemi possono includere interfacce utente grafiche che mostrano in tempo reale lo stato di ogni componente del sistema, da cui gli operatori possono:

- **Monitorare i dati raccolti dai sensori**: Visualizzazione in tempo reale delle condizioni ambientali e di crescita, permettendo ajustamenti rapidi e informati.

- **Ajustare automaticamente i parametri del sistema**: Basandosi su algoritmi che interpretano i dati dei sensori, i sistemi possono automaticamente modificare le impostazioni di irrigazione, nutrienti, luce e temperatura per mantenere le condizioni ottimali.

- **Ricevere allarmi e notifiche**: In caso di deviazioni dai parametri stabiliti, il sistema può inviare allarmi agli operatori, permettendo un intervento tempestivo per correggere eventuali problemi.

Vantaggi dell'Automazione

L'automazione in idroponica offre numerosi vantaggi, tra cui:

- **Efficienza migliorata**: Riduzione dello spreco di risorse come acqua, nutrienti ed energia.

- **Consistenza nella produzione**: Condizioni di crescita ottimali e consistenti che portano a raccolti di qualità superiore e più uniformi.

- **Riduzione del lavoro manuale**: Meno tempo e lavoro sono necessari per gestire le operazioni quotidiane, permettendo agli operatori di concentrarsi su altri aspetti della gestione e dell'innovazione.

In conclusione, l'automazione e la tecnologia moderna stanno trasformando l'idroponica da un'arte a una scienza precisa, con sistemi avanzati che non solo migliorano la qualità e l'efficienza delle operazioni ma offrono anche nuove possibilità per ottimizzare ulteriormente la produzione agricola in ambienti controllati.

Integrazione di Intelligenza Artificiale e Apprendimento Automatico

L'adozione di tecnologie basate su intelligenza artificiale (AI) e apprendimento automatico sta rivoluzionando ulteriormente l'automazione nell'idroponica. Questi sistemi avanzati possono analizzare grandi quantità di dati provenienti dai sensori, apprendendo dai modelli di crescita delle piante per prevedere e reagire a potenziali problemi prima che diventino evidenti. Ad esempio, un sistema basato su AI può rilevare sottili cambiamenti nei dati che potrebbero indicare l'inizio di una carenza nutrizionale o di stress idrico e automaticamente ajustare la soluzione nutritiva o il regime di irrigazione per correggere il problema.

Sviluppo di Dashboard Intuitive

Le moderne piattaforme di controllo integrano dashboard intuitive e interfaccie utente che permettono agli operatori di visualizzare e gestire facilmente tutti gli aspetti del sistema idroponico. Queste interfacce spesso includono visualizzazioni grafiche di dati in tempo reale, controlli manuali per ajustamenti rapidi e la capacità di configurare automatismi specifici per le diverse fasi del ciclo di vita delle piante. L'accessibilità mobile o via web consente agli operatori di mantenere il controllo completo dei loro sistemi idroponici anche a distanza, fornendo flessibilità e reattività senza precedenti.

Ottimizzazione del Consumo di Energia

Con l'aumento dell'efficienza energetica come obiettivo chiave, i sistemi di controllo avanzati possono anche ottimizzare il consumo di energia attraverso la gestione intelligente dei carichi energetici. Per esempio, possono programmare l'uso di dispositivi ad alta energia, come le luci e i sistemi HVAC, durante le ore in cui il costo dell'energia è più basso, o integrare fonti di energia rinnovabile come il solare per ridurre la dipendenza da fonti energetiche non sostenibili e ridurre i costi operativi.

Automazione nella Risposta alle Emergenze

Un altro aspetto importante dell'automazione avanzata è la capacità di rispondere automaticamente a emergenze o anomalie. I sistemi possono essere programmati per rilevare e reagire a variazioni ambientali estreme, guasti agli equipaggiamenti o altri eventi critici, attivando protocolli di emergenza come l'avvio di generatori di backup, la chiusura di valvole per prevenire perdite o l'attivazione di sistemi di allarme per avvisare il personale.

Sensori di Precisione per la Monitorizzazione Avanzata

L'evoluzione continua nella tecnologia dei sensori permette una raccolta dati sempre più precisa e multifunzionale. Sensori di nuova generazione possono misurare variabili come la tensione della foglia, il potenziale osmotico e persino indicatori di stress delle piante a livello molecolare. Queste misurazioni possono fornire insight preziosi sul benessere delle piante e sulla loro risposta agli ambienti di crescita, permettendo ajustamenti più mirati e tempestivi che migliorano ulteriormente la produzione e la salute delle piante.

Connettività e Integrazione di Dati

La crescente connettività tra dispositivi differenti e la capacità di integrare e analizzare dati provenienti da fonti multiple è fondamentale per un sistema di automazione efficace. L'integrazione di dati può includere informazioni meteorologiche esterne, dati di tracciamento della catena di fornitura, e persino preferenze di mercato, permettendo una gestione olistica del sistema idroponico che va oltre il semplice controllo ambientale, influenzando decisioni strategiche in termini di produzione e commercializzazione.

Considerazioni Finali sull'Automazione

In definitiva, l'automazione e l'utilizzo di tecnologie avanzate nel controllo degli ambienti idroponici non solo rendono possibile una gestione più efficace e meno laboriosa, ma aprono anche la via a pratiche agricole più sostenibili e responsive. Man mano che la tecnologia continua a evolversi, le opportunità per migliorare e affinare questi sistemi cresceranno, offrendo agli idroponici strumenti sempre più potenti per ottimizzare la crescita delle piante e massimizzare la produttività.

Sviluppo di Algoritmi di Autoapprendimento

L'adozione di algoritmi di autoapprendimento nei sistemi di automazione idroponica rappresenta un salto qualitativo nella gestione delle colture. Questi algoritmi possono continuamente adattarsi e migliorare basandosi sull'analisi dei dati storici e reali, ottimizzando automaticamente le condizioni di crescita per massimizzare la resa e la qualità delle piante. Ad esempio, possono apprendere dai cicli di crescita precedenti per prevedere il momento ottimale per l'irrigazione o per ajustare l'intensità luminosa in modo da rispondere alle specifiche esigenze di varie specie vegetali in differenti fasi di sviluppo.

Tecnologie di Visione Artificiale

L'integrazione delle tecnologie di visione artificiale nei sistemi di automazione permette una monitorizzazione avanzata delle condizioni delle piante. Tramite telecamere e software di riconoscimento delle immagini, è possibile identificare precocemente segni di malattie, carenze nutrizionali o stress idrico. Questi sistemi possono quindi attivare automaticamente interventi correttivi specifici, come la modifica delle soluzioni nutritive o l'ajustamento dell'ambiente, riducendo la necessità di ispezioni manuali e migliorando la reattività ai problemi emergenti.

Integrazione di Robotica e Automazione

L'avanzamento della robotica offre ulteriori opportunità per l'automazione nelle idroponiche. I robot possono essere utilizzati per compiti come la semina, il trapianto, la potatura e anche la raccolta, operando in modo autonomo o in coordinamento con i sistemi di monitoraggio basati sui sensori. Questo non solo riduce ulteriormente il lavoro manuale necessario ma può anche migliorare la precisione e l'efficienza di queste operazioni, riducendo il rischio di errore umano e aumentando la consistenza delle pratiche di gestione delle colture.

Sistemi di Gestione dei Dati e Analisi Predittiva

Un aspetto cruciale dell'automazione avanzata è la gestione e l'analisi dei dati. I sistemi di gestione dei dati raccolgono informazioni da sensori, timer e altre fonti, aggregando e analizzando questi dati per fornire insight comprensivi sull'operazione. L'analisi predittiva utilizza questi dati per modellare scenari futuri e prendere decisioni informate riguardo alla gestione delle risorse, alla programmazione delle colture e alla manutenzione preventiva, aumentando l'efficacia complessiva del sistema idroponico.

Automazione nella Regolazione del Clima

I sistemi di automazione sono particolarmente efficaci nella regolazione del clima interno degli ambienti idroponici. Utilizzando dati in tempo reale e feedback continuo, i controlli climatici automatizzati ajustano la temperatura, l'umidità, i livelli di CO2 e la ventilazione per mantenere l'ambiente ideale. Questo controllo dinamico aiuta a prevenire fluttuazioni che potrebbero influenzare negativamente la salute delle piante e consente agli operatori di replicare le condizioni ottimali in modo consistente e affidabile.

Reti di Sensori Wireless e IoT

L'implementazione di reti di sensori wireless e soluzioni basate su Internet of Things (IoT) facilita una copertura completa e senza interruzioni delle condizioni ambientali e delle piante. Questi sensori possono essere distribuiti in tutto l'ambiente di coltivazione, fornendo dati dettagliati che alimentano i sistemi di controllo centralizzati. La capacità di monitorare in tempo reale vari aspetti della coltura attraverso dispositivi connessi migliora non solo la precisione del monitoraggio ma anche la facilità e l'efficienza della gestione.

Adattamento e Scalabilità dei Sistemi

Infine, l'automazione in idroponica non è solo una questione di implementazione tecnologica ma anche di adattabilità e scalabilità. I sistemi automatizzati devono essere progettati per adattarsi a diverse scale di produzione e a vari tipi di piante, con la capacità di espandersi o modificarsi man mano che l'operazione cresce o che cambiano le esigenze di mercato. Questo assicura che l'investimento in automazione rimanga valido nel lungo termine, fornendo un ritorno duraturo e sostenibile sull'investimento in tecnologia avanzata.

Personalizzazione del Software di Gestione

La personalizzazione dei software di gestione è essenziale per adattare i sistemi di automazione alle specifiche esigenze di ogni operazione idroponica. Software avanzati possono essere programmati con algoritmi specifici che tengono conto delle varietà di piante coltivate, delle loro fasi di crescita, e delle condizioni ambientali locali. Questi software possono integrare modelli di crescita delle piante per automatizzare i cicli di irrigazione, nutrizione e illuminazione, ottimizzando così il rendimento delle colture in base a previsioni accuratamente calibrate.

Monitoraggio dell'Efficacia dell'Automazione

Per valutare l'efficacia dei sistemi di automazione, è fondamentale implementare protocolli di monitoraggio che raccolgano dati su vari aspetti della produzione. Questi dati non solo valutano l'efficienza dei sistemi automatizzati ma aiutano anche a identificare aree di miglioramento. L'analisi di queste informazioni può portare a raffinamenti nei processi di automazione che incrementano ulteriormente la produttività e riducono i costi operativi.

Interfaccia Utente e Accessibilità

L'efficacia di un sistema di automazione dipende anche dalla facilità di uso e accessibilità delle sue interfacce utente. Progettare interfacce intuitive che permettano agli operatori di interagire facilmente con il sistema, visualizzare dati essenziali e eseguire ajustamenti rapidi è cruciale. Questo non solo migliora l'efficienza operativa ma aiuta a prevenire errori di gestione che potrebbero costare tempo e risorse.

Sviluppo di Sistemi Resilienti

La resilienza dei sistemi di automazione è un'altra considerazione critica. Questi sistemi dovrebbero essere progettati per operare efficacemente in condizioni avverse, con backup e ridondanze che garantiscano la continuità delle operazioni in caso di guasti hardware, interruzioni di corrente, o altri imprevisti. Implementare sistemi di allerta precoce che possono rilevare anomalie e attivare protocolli di emergenza contribuisce alla stabilità dell'operazione.

Sicurezza e Protezione dei Dati

Con l'aumento della connettività e della raccolta dati, la sicurezza diventa una preoccupazione maggiore. Proteggere i dati raccolti da sensori e altri dispositivi di input è fondamentale per prevenire accessi non autorizzati che potrebbero compromettere i sistemi di automazione. Implementare solide misure di sicurezza informatica, compresa la crittografia dei dati e sistemi di autenticazione avanzati, è essenziale per mantenere l'integrità operativa.

Integrazione Verticale dei Sistemi

L'automazione in idroponica non si limita al controllo ambientale; si estende a tutti gli aspetti della gestione della coltura, dalla semina alla raccolta. Sviluppare sistemi che integrano verticalmente questi aspetti può ridurre significativamente il carico di lavoro manuale e migliorare l'efficienza complessiva. L'automazione del trasporto interno delle piante, ad esempio, può ridurre i tempi di movimentazione e minimizzare lo stress fisico sulle piante durante le fasi critiche.

Considerazioni Etiche e Sociali

Infine, l'implementazione di sistemi di automazione solleva questioni etiche e sociali, specialmente in termini di impatto sul lavoro. È importante considerare come l'automazione influenzi la forza lavoro e trovare un equilibrio tra l'incremento della produttività e il mantenimento di opportunità di lavoro significative. Offrire formazione e ricollocamento per i lavoratori colpiti dall'automazione può aiutare a gestire la transizione verso sistemi di coltivazione più automatizzati.

In conclusione, l'automazione avanzata offre un enorme potenziale per migliorare la produttività e l'efficienza nelle operazioni idroponiche, ma richiede un approccio olistico che consideri non solo gli aspetti tecnici ma anche le implicazioni sociali, economiche e ambientali. Con una pianificazione e implementazione attente, l'automazione può trasformare l'idroponica in un settore più sostenibile e produttivo.

Concludendo il tema dell'automazione e della tecnologia in idroponica, vediamo che l'incorporazione di sensori, timer, e sistemi di controllo automatizzati rappresenta una trasformazione profonda nel modo in cui gestiamo e ottimizziamo la crescita delle piante in ambienti controllati. Questi strumenti non solo elevano l'efficienza operativa ma portano anche a miglioramenti tangibili nella qualità e nella consistenza delle colture prodotte.

Sintesi delle Componenti Chiave dell'Automazione in Idroponica

1. **Sensori Avanzati**: Fondamentali per monitorare continuamente le condizioni cruciali come l'umidità, i nutrienti, la temperatura e i livelli di CO2,

consentendo ajustamenti precisi in tempo reale per mantenere un ambiente ottimale.

2. **Sistemi di Controllo Programmabili**: Centralizzano la gestione di vari aspetti dell'ambiente idroponico, da illuminazione e irrigazione a ventilazione e controllo del clima, riducendo il carico di lavoro manuale e aumentando l'efficacia delle operazioni.

3. **Integrazione di Intelligenza Artificiale e Apprendimento Automatico**: Questi sistemi possono prevedere esigenze future e modellare comportamenti ottimali per la gestione delle risorse, riducendo sprechi e aumentando la resa.

4. **Interfacce Utente Accessibili e Intuitive**: Consentono una facile interazione con il sistema, monitoraggio remoto e interventi rapidi, rendendo la tecnologia accessibile anche agli operatori meno esperti.

5. **Sicurezza e Protezione dei Dati**: Con l'aumento della raccolta dati, la sicurezza diventa essenziale per proteggere le informazioni sensibili e garantire il funzionamento ininterrotto dei sistemi automatizzati.

6. **Efficienza Energetica e Sostenibilità**: L'automazione contribuisce a un utilizzo più efficiente delle risorse, come acqua ed energia, promuovendo pratiche di coltivazione più sostenibili.

7. **Risposta alle Emergenze**: I sistemi automatizzati possono gestire rapidamente situazioni critiche,

minimizzando i danni e assicurando la continuità della produzione.

Implicazioni a Lungo Termine

L'implementazione di tecnologie avanzate in idroponica non solo trasforma l'efficienza e la produttività delle operazioni ma solleva anche importanti questioni etiche e sociali relative all'impiego della forza lavoro e all'accesso alle tecnologie. Affrontare questi problemi richiederà un approccio olistico che consideri non solo i benefici immediati dell'automazione ma anche le sue implicazioni a lungo termine per l'industria e la società nel suo insieme.

In definitiva, l'automazione in idroponica rappresenta il futuro dell'agricoltura in ambienti controllati, offrendo opportunità senza precedenti per l'ottimizzazione e la sostenibilità delle pratiche agricole. La chiave per il successo continuerà a risiedere nella capacità di integrare nuove tecnologie con una comprensione profonda delle esigenze delle piante e degli obiettivi di produzione, garantendo che i sistemi idroponici non solo siano più produttivi ma anche più responsivi e adattivi ai cambiamenti ambientali e di mercato.

8. Gestione del pH e della conducibilità elettrica (EC) - Metodi avanzati per il monitoraggio e l'ajustamento del pH e della EC

La gestione accurata del pH e della conducibilità elettrica (EC) è cruciale per l'idroponica avanzata, poiché questi fattori influenzano direttamente la capacità delle piante di assorbire nutrienti essenziali. Tecniche sofisticate di monitoraggio e ajustamento di questi parametri sono essenziali per ottimizzare la crescita delle piante e assicurare una produzione agricola di alta qualità. Ecco una panoramica dettagliata dei metodi avanzati impiegati in quest'area:

Monitoraggio Continuo del pH e della EC

1. **Sensori in Linea**: L'uso di sensori in linea per il monitoraggio continuo del pH e della EC è una pratica comune in idroponica avanzata. Questi sensori forniscono letture in tempo reale che permettono agli operatori di reagire rapidamente a qualsiasi deviazione dai range ottimali.

2. **Integrazione con Sistemi di Automazione**: I dati raccolti dai sensori possono essere automaticamente integrati in sistemi di gestione centralizzati. Questi sistemi utilizzano algoritmi per analizzare i dati e ajustare automaticamente le soluzioni nutritive, aggiungendo acidificanti o basi per modificare il pH, o

aggiustando la concentrazione di nutrienti per mantenere l'EC desiderato.

3. **Tecnologia IoT**: L'Internet of Things (IoT) offre la possibilità di connettere sensori a una rete che può essere monitorata e controllata da remoto, offrendo flessibilità e controllo costante per il gestore dell'idroponica.

Ajustamento del pH e della EC

1. **Sistemi di Dosaggio Automatici**: Per l'ajustamento del pH e della EC, possono essere impiegati sistemi di dosaggio automatici che aggiungono precisamente quantità calcolate di soluzioni regolatrici del pH o nutrienti basandosi sui feedback dei sensori. Questo assicura una risposta rapida ed efficace alle fluttuazioni, mantenendo l'ambiente ideale per l'assorbimento ottimale dei nutrienti.

2. **Software di Gestione Avanzato**: Software specializzati possono predire i cambiamenti nei requisiti di pH e EC basandosi su modelli di consumo di nutrienti delle piante. Questi programmi permettono agli operatori di programmare in anticipo gli ajustamenti necessari, ottimizzando l'efficienza e riducendo gli sprechi.

3. **Calibrazione e Manutenzione Regolare**: Per garantire l'accuratezza del monitoraggio e dell'ajustamento, è essenziale una manutenzione e calibrazione regolare

dei sensori. Questo include la pulizia periodica dei sensori e la verifica della loro taratura con soluzioni standardizzate per assicurare che i dati raccolti siano affidabili.

Integrazione dei Dati e Analisi

1. **Analisi di Tendenza**: La raccolta di dati a lungo termine sul pH e sulla EC può fornire insight preziosi sulle tendenze e aiutare a prevedere le esigenze future delle piante. Queste informazioni possono guidare la strategia di fertilizzazione e l'ajustamento delle soluzioni nutritive per i cicli di coltura successivi.

2. **Elaborazione dei Dati e Decisioni Informed**: Con l'avanzamento della tecnologia di analisi dei dati, i gestori possono utilizzare strumenti analitici avanzati per interpretare i dati raccolti e prendere decisioni informate riguardo alla gestione delle colture. Questi strumenti possono identificare pattern nascosti e suggerire modifiche ottimali per massimizzare la produzione e la salute delle piante.

Formazione e Sviluppo Professionale

Infine, è fondamentale che il personale coinvolto nella gestione di idroponiche sia ben formato sulle tecniche avanzate di monitoraggio e controllo del pH e della EC. La formazione continua e l'aggiornamento professionale sono essenziali per mantenere elevati standard operativi e sfruttare al meglio le tecnologie disponibili.

In sintesi, la gestione efficace del pH e della EC in idroponica richiede una combinazione di tecnologia avanzata, competenza tecnica e analisi sofisticata. Con l'approccio integrato e strategico, i coltivatori possono assicurare che le loro piante ricevano l'ambiente ideale per una crescita ottimale e produzioni abbondanti.

Applicazione di Modelli di Machine Learning

L'uso di machine learning può ulteriormente affinare la gestione del pH e della EC nei sistemi idroponici. Imparando dai set di dati storici, i modelli di machine learning possono prevedere le variazioni future di pH e EC basandosi su fattori come il cambio di stagione, le variazioni nei cicli di crescita delle piante, o le modifiche apportate al regime di alimentazione. Questa capacità predittiva permette ai gestori di anticipare e prevenire problemi, piuttosto che semplicemente reagire ad essi.

Sviluppo di Sistemi di Feedback in Tempo Reale

L'integrazione di sistemi di feedback in tempo reale che visualizzano istantaneamente le modifiche al pH e alla EC e le relative conseguenze sulla salute delle piante può essere un potente strumento per l'apprendimento e l'ajustamento continuo delle pratiche di coltivazione. Questi sistemi aiutano a creare un ciclo di apprendimento dove ogni azione e il suo effetto sono immediatamente visibili, permettendo agli operatori di comprendere meglio la dinamica del loro sistema idroponico.

Utilizzo di Tecnologia Blockchain per la Tracciabilità dei Dati

L'introduzione della tecnologia blockchain può rivoluzionare la gestione dei dati nel contesto dell'idroponica, offrendo una tracciabilità e una sicurezza dei dati senza precedenti. Utilizzando blockchain per registrare e conservare i dati di pH e EC, i gestori possono garantire l'integrità dei loro dati e proteggerli da manomissioni, fornendo un record immutabile delle condizioni di coltivazione che può essere prezioso sia per l'analisi interna sia per la trasparenza verso i consumatori o i regolatori.

Integrazione di Sensori di Flusso per la Gestione dei Nutrienti

Oltre ai sensori tradizionali, l'incorporazione di sensori di flusso che monitorano il volume e la velocità della soluzione nutritiva può fornire dati essenziali per la calibrazione precisa della EC. Questi sensori aiutano a assicurare che la quantità esatta di nutrienti venga fornita alle piante, ottimizzando l'assorbimento e riducendo gli sprechi.

Simulazioni Virtuali per la Formazione

Le simulazioni virtuali possono essere utilizzate per formare il personale sull'impatto del pH e della EC sulle piante in un ambiente controllato e senza rischi. Queste simulazioni, basate su dati reali e modelli predittivi, permettono ai coltivatori di sperimentare con differenti scenari e vedere le conseguenze delle loro decisioni in tempo reale, migliorando la loro comprensione e capacità di gestire efficacemente questi aspetti cruciali.

Utilizzo di Droni e Robotica per Monitoraggi Estensivi

L'uso di droni e dispositivi robotici per monitorare e ajustare il pH e la EC in grandi sistemi idroponici può portare l'automazione a un nuovo livello. Questi dispositivi possono raccogliere dati da aree difficilmente accessibili e eseguire ajustamenti automatici in loci specifici, migliorando l'efficienza e la reattività del sistema di gestione.

Conclusione

L'approccio alla gestione del pH e della EC in idroponica si sta evolvendo rapidamente grazie all'avanzamento delle tecnologie di monitoraggio e automazione. Con l'adozione di questi metodi avanzati, i coltivatori non solo possono ottimizzare le condizioni di crescita delle piante ma anche rispondere proattivamente alle sfide, garantendo produzioni di alta qualità e sostenibili. Questi sviluppi non solo migliorano l'efficienza e l'efficacia delle operazioni idroponiche ma aprono anche nuove possibilità per una coltivazione più informata e controllata.

Tecnologie Avanzate per la Calibrazione di Sensori

Lo sviluppo di tecnologie avanzate per la calibrazione di sensori sta migliorando notevolmente la precisione delle misurazioni di pH e EC nei sistemi idroponici. Questi strumenti possono calibrare automaticamente i sensori basandosi su standard di riferimento e compensare eventuali deviazioni causate da fattori ambientali come temperatura e umidità. La calibrazione regolare è fondamentale per mantenere l'accuratezza dei sensori nel tempo, garantendo che le misurazioni siano affidabili e che i sistemi di controllo operino con la massima efficacia.

Sviluppo di Nuovi Materiali per Sensori

La ricerca sui materiali sta portando allo sviluppo di nuovi tipi di sensori che sono più robusti, sensibili e meno suscettibili a problemi di corrosione o accumulo di depositi, comuni in ambienti umidi e ricchi di nutrienti come quelli idroponici. Questi nuovi sensori utilizzano materiali avanzati che possono estendere la loro vita utile e ridurre la frequenza di manutenzione e sostituzione, abbattendo i costi operativi a lungo termine.

Integrazione di Analisi Multivariata

L'uso di tecniche di analisi multivariata permette di esaminare contemporaneamente l'interazione tra più variabili, come pH, EC, temperatura e altri fattori ambientali, per capire come queste influenzano reciprocamente la crescita delle piante. Questo tipo di analisi può rivelare insight complessi che non sono evidenti attraverso l'esame di singole variabili, permettendo agli operatori di ottimizzare i loro sistemi in modo più olistico e informato.

Protocolli di Sicurezza per la Gestione dei Dati

Con l'incremento dell'uso di tecnologie di monitoraggio e la raccolta di grandi volumi di dati, la sicurezza informatica diventa una priorità. È essenziale sviluppare e mantenere protocolli di sicurezza robusti per proteggere i dati sensibili relativi al pH, alla EC e ad altre misurazioni cruciali da accessi non autorizzati o attacchi informatici. Questi protocolli devono includere la crittografia dei dati, sistemi di autenticazione sicuri e regolare aggiornamento del software di sicurezza.

Utilizzo di Reti Neurali per l'Ottimizzazione dei Processi

Le reti neurali possono essere impiegate per modellare e ottimizzare i processi di gestione del pH e della EC, apprendendo dai dati storici per prevedere le esigenze future delle piante e ajustare automaticamente i parametri in modo proattivo. Questa tecnologia può simulare scenari complessi e valutare l'efficacia di differenti strategie di gestione, portando a decisioni basate su una solida analisi predittiva.

Impatto Ambientale della Gestione di pH e EC

Considerare l'impatto ambientale delle pratiche di gestione di pH e EC è fondamentale, specialmente in termini di uso e smaltimento dei prodotti chimici utilizzati per ajustare questi parametri. Sviluppare metodi più sostenibili e meno invasivi per la correzione del pH e della EC, come l'utilizzo di regolatori naturali o riciclabili, può aiutare a ridurre l'impronta ecologica dell'idroponica.

Collaborazioni Interdisciplinari per Innovazioni

L'invito alla collaborazione tra botanici, chimici, ingegneri e tecnologi dell'informazione può stimolare innovazioni nel campo del monitoraggio e della gestione di pH e EC. Queste collaborazioni possono aprire nuove vie di ricerca e sviluppo, portando a soluzioni innovative che migliorano sia l'efficacia che l'efficienza di queste pratiche vitali.

Educazione e Formazione Continua

Infine, garantire che il personale sia adeguatamente formato per utilizzare e mantenere i sistemi avanzati di monitoraggio e controllo del pH e della EC è essenziale. Programmi di formazione continua che includono le ultime innovazioni tecnologiche e le migliori pratiche possono aiutare a mantenere un alto livello di competenza operativa e assicurare che gli impianti idroponici funzionino al loro massimo potenziale.

In conclusione, mentre l'industria idroponica continua a evolversi, anche i metodi e le tecnologie per la gestione del pH e della EC si stanno sviluppando rapidamente. L'adozione di questi avanzamenti non solo migliora la qualità e la quantità delle produzioni agricole ma contribuisce anche a un'operazione più sostenibile e responsabile dal punto di vista ambientale.

Applicazione di Analisi dei Big Data

L'impiego di big data nell'analisi e gestione del pH e della EC in sistemi idroponici apre nuove frontiere per l'ottimizzazione delle colture. L'analisi di grandi volumi di dati può aiutare a identificare correlazioni e tendenze che non sono immediatamente evidenti. Questi dati possono provenire da una varietà di fonti, inclusi sensori di umidità, temperatura, flussi di soluzioni nutritive e dati storici sulle condizioni di crescita delle piante. Le piattaforme di analisi dei big data possono utilizzare queste informazioni per fornire raccomandazioni dettagliate su come migliorare i protocolli di gestione del pH e della EC, personalizzando le soluzioni per tipi specifici di piante e condizioni di crescita.

Tecnologie Portatili per il Monitoraggio

L'introduzione di tecnologie portatili per il monitoraggio del pH e della EC permette ai coltivatori di avere accesso immediato ai dati, anche mentre si trovano direttamente nei campi o nelle aree di coltivazione. Questi dispositivi, che possono essere sincronizzati con smartphone o tablet, offrono la possibilità di effettuare misurazioni spot e di ricevere feedback in tempo reale, migliorando la capacità di rispondere rapidamente alle esigenze delle piante.

Sistemi di Allarme Intelligente

Lo sviluppo di sistemi di allarme intelligente che notificano automaticamente gli operatori in caso di anomalie nei livelli di pH o EC è un altro strumento prezioso. Questi sistemi possono essere programmati per rilevare variazioni che superano soglie prestabilite e inviare avvisi via email, SMS o direttamente attraverso un'applicazione mobile. Ciò assicura che anche i cambiamenti minori, che potrebbero sfuggire durante i controlli di routine, siano rilevati e trattati in modo proattivo per evitare impatti negativi sulla salute delle piante.

Intelligenza Artificiale per la Simulazione e la Modellazione

L'applicazione dell'intelligenza artificiale nella modellazione e simulazione dell'ambiente idroponico offre possibilità rivoluzionarie. Gli algoritmi di AI possono simulare diversi scenari di gestione del pH e della EC per prevedere gli impatti potenziali su diverse varietà di piante. Questo approccio permette di testare virtualmente le modifiche prima di implementarle nella realtà, minimizzando i rischi e massimizzando le probabilità di successo.

Integrazione di Feedback Ambientale

L'integrazione di feedback ambientale esterno, come dati meteorologici locali o condizioni stagionali, nei sistemi di controllo del pH e della EC può aiutare a anticipare le necessità di ajustamento. Per esempio, variazioni nella qualità dell'acqua di irrigazione dovute a piogge intense o a periodi prolungati di siccità possono influenzare i livelli di pH e EC della soluzione nutritiva. Un sistema che integra queste variabili ambientali può ajustare automaticamente i trattamenti per compensare questi fattori esterni.

Collaborazioni con Istituti di Ricerca

Stabilire collaborazioni con università e istituti di ricerca può ampliare le capacità di monitoraggio e gestione del pH e della EC attraverso l'accesso a tecnologie all'avanguardia e a competenze specialistiche. Queste collaborazioni possono anche facilitare lo sviluppo di nuove metodologie e tecnologie, accelerando l'innovazione e l'applicazione pratica di soluzioni avanzate nel campo dell'idroponica.

Formazione Continua per i Coltivatori

Infine, investire nella formazione continua dei coltivatori è essenziale per mantenere una gestione efficace del pH e della EC. I programmi di formazione dovrebbero includere l'uso di nuove tecnologie, l'interpretazione dei dati raccolti dai sensori, e le migliori pratiche per l'ajustamento del pH e della EC. Questo approccio assicura che il personale sia sempre aggiornato sulle ultime innovazioni e possa applicare le migliori strategie per la gestione ottimale delle colture idroponiche.

Concludendo il tema della gestione del pH e della conducibilità elettrica (EC) in ambienti idroponici avanzati, è evidente che il successo di queste pratiche dipende fortemente dall'integrazione di tecnologie avanzate, monitoraggio continuo, e interventi proattivi basati su dati accurati e tempestivi.

Elementi Fondamentali per una Gestione Efficace del pH e della EC

1. **Tecnologia di Precisione**: L'uso di sensori avanzati e accurati è cruciale per il monitoraggio in tempo reale dei livelli di pH e EC, permettendo ajustamenti rapidi e mirati che mantenono l'ambiente ideale per la crescita ottimale delle piante.

2. **Automazione Intelligente**: L'integrazione di sistemi di automazione che possono reagire automaticamente ai dati dei sensori riduce il carico di lavoro manuale e migliora la precisione nella gestione delle soluzioni nutritive.

3. **Analisi Avanzata dei Dati**: L'applicazione di big data e intelligenza artificiale per analizzare e interpretare i dati raccolti può prevedere le esigenze future delle piante e ottimizzare i protocolli di trattamento del pH e della EC.

4. **Formazione e Capacitazione**: Assicurare che tutto il personale sia ben formato e aggiornato sulle ultime tecnologie e metodologie di gestione del pH e della

EC è essenziale per mantenere l'efficienza operativa e la produttività del sistema idroponico.

5. **Sicurezza dei Dati e Integrità del Sistema**: Implementare robuste misure di sicurezza per proteggere i dati sensibili e assicurare il funzionamento continuo dei sistemi automatizzati è fondamentale per evitare interruzioni che potrebbero compromettere la qualità delle colture.

6. **Sostenibilità Ambientale**: Considerare l'impatto ambientale delle pratiche di gestione del pH e della EC, cercando di implementare metodi più ecologici e sostenibili per ajustare questi parametri, è vitale per ridurre l'impronta ecologica dell'agricoltura idroponica.

7. **Collaborazione Interdisciplinare**: Lavorare con esperti in diversi campi e incorporare feedback da ricerca esterna può accelerare l'innovazione e migliorare continuamente le pratiche di gestione.

Conclusione

In sintesi, la gestione del pH e della EC in idroponica rappresenta un equilibrio delicato tra la scienza e la tecnologia, richiedendo un approccio olistico che integra attrezzature di precisione, analisi dati sofisticata e interventi basati su una comprensione profonda delle necessità delle piante. Man mano che la tecnologia progredisce, le opportunità per affinare ulteriormente queste pratiche continuano a espandersi, promettendo miglioramenti non solo nella qualità delle colture ma anche nell'efficienza generale e nella sostenibilità delle operazioni idroponiche.

9. Prevenzione e gestione delle malattie - Strategie per riconoscere, prevenire e trattare le malattie più comuni in idroponica.

La prevenzione e la gestione delle malattie in idroponica sono cruciali per mantenere piante sane e produttive. Dato che le colture idroponiche possono essere particolarmente vulnerabili a specifici patogeni a causa dell'ambiente umido e della vicinanza delle piante, è essenziale adottare un approccio proattivo e informato. Ecco una panoramica dettagliata delle strategie per riconoscere, prevenire e trattare le malattie più comuni in idroponica.

Riconoscimento Precoce delle Malattie

1. **Monitoraggio Regolare**: La chiave per un riconoscimento precoce delle malattie è il monitoraggio regolare delle piante. Questo include l'ispezione visiva delle foglie, dei fusti e delle radici per segni di malattia come macchie, decolorazione, o tessuti necrotici.

2. **Utilizzo di Sensori e Tecnologia di Imaging**: Sensori avanzati e tecnologie di imaging possono rilevare cambiamenti sottili nelle piante che potrebbero indicare lo sviluppo di malattie prima che diventino visibili all'occhio umano. Queste tecnologie possono misurare variazioni nella riflettanza della luce dalle foglie, indicando potenziali problemi di salute delle piante.

3. **Analisi Delle Soluzioni Nutritive**: Verificare regolarmente la composizione delle soluzioni nutritive può aiutare a identificare squilibri che potrebbero favorire lo sviluppo di malattie. Una soluzione nutritiva squilibrata può indebolire le piante, rendendole più suscettibili a malattie.

Prevenzione delle Malattie

1. **Controllo Ambientale**: Mantenere condizioni ambientali ottimali è essenziale per prevenire le malattie. Questo include la regolazione della temperatura, dell'umidità e del flusso d'aria per evitare condizioni che favoriscono la crescita di patogeni.

2. **Igiene Rigorosa**: Pratiche di igiene rigorose sono cruciali in idroponica. Ciò include la sterilizzazione regolare degli strumenti, dei sistemi di coltura e delle aree di coltivazione, oltre a evitare l'introduzione di piante malate o materiale contaminato nell'ambiente idroponico.

3. **Rotazione delle Soluzioni Nutritive**: Cambiare regolarmente le soluzioni nutritive può prevenire l'accumulo di patogeni. Le soluzioni vecchie possono diventare un terreno fertile per molti tipi di malattie se non gestite correttamente.

4. **Quarantena per Nuove Piante**: Introdurre nuove piante in un sistema esistente può portare a malattie. Mettere in quarantena le nuove piante prima di introdurle nell'area principale può aiutare a prevenire la trasmissione di malattie.

Trattamento delle Malattie

1. **Identificazione Corretta**: Prima di trattare una malattia, è essenziale identificarla correttamente. Consultare un esperto o utilizzare guide affidabili per determinare il tipo di malattia e il trattamento appropriato.

2. **Uso di Biocontrollo**: L'utilizzo di agenti di biocontrollo, come predatori naturali, insetti benefici e microrganismi antagonisti, può essere un modo efficace per combattere le malattie senza ricorrere a chimici.

3. **Fungicidi e Battericidi**: Per malattie gravi, l'uso di fungicidi o battericidi può essere necessario. È importante scegliere prodotti che siano sicuri per l'uso in idroponica e seguire attentamente le istruzioni per evitare danni alle piante o all'ambiente.

4. **Ajustamento delle Pratiche di Coltivazione**: Spesso, ajustare le pratiche di coltivazione può aiutare a gestire o curare malattie. Questo può includere modifiche nella frequenza di irrigazione, nei livelli di nutrienti, o nel regime di illuminazione.

Considerazioni Finali

Gestire le malattie in idroponica richiede un approccio olistico che combina la prevenzione attraverso il controllo ambientale e pratiche di gestione, il riconoscimento precoce tramite monitoraggio regolare, e interventi mirati basati su una solida comprensione delle patologie delle piante. Con una strategia ben pianificata, è possibile mantenere un ambiente idroponico sano e produttivo, riducendo al minimo l'impatto delle malattie sulle colture.

Implementazione di Sistemi di Allerta Precoce

L'adozione di sistemi di allerta precoce basati su modelli di rilevamento delle malattie può migliorare significativamente la capacità di prevenzione delle malattie in idroponica. Questi sistemi utilizzano dati raccolti da sensori ambientali e analisi di immagini per identificare i primi segni di stress nelle piante, come alterazioni nel colore delle foglie o nell'aspetto generale. Avvisando tempestivamente i coltivatori, è possibile intervenire prima che le malattie si diffondano o diventino gravi, applicando trattamenti localizzati o ajustando le condizioni ambientali.

Uso di Algoritmi di Apprendimento Profondo

L'integrazione di algoritmi di apprendimento profondo nella gestione delle malattie offre un potenziale significativo per il miglioramento della diagnosi e del trattamento delle malattie delle piante. Questi algoritmi possono analizzare complesse serie di dati e immagini per riconoscere schemi correlati alla presenza di malattie specifiche. Una volta addestrati su vasti set di dati, possono fornire diagnosi precise e rapide, aiutando i coltivatori a decidere il corso d'azione più efficace.

Personalizzazione del Trattamento delle Malattie

Oltre alla diagnosi e alla prevenzione, la personalizzazione dei trattamenti per le specifiche condizioni di coltura e le varietà di piante è cruciale. Diversi tipi di piante possono mostrare varie reazioni alle stesse malattie; di conseguenza, i trattamenti che funzionano bene per una specie potrebbero non essere efficaci o potrebbero addirittura essere dannosi per un'altra. Personalizzare l'approccio al trattamento basandosi su una comprensione approfondita della biologia della pianta e delle sue reazioni alle malattie può ottimizzare l'efficacia del trattamento e minimizzare il danno alle piante.

Monitoraggio Continuo Post-Trattamento

Dopo l'applicazione di trattamenti per le malattie, è essenziale continuare a monitorare le piante per valutare l'efficacia degli interventi e rilevare eventuali segni di

recidiva. Questo monitoraggio continuo aiuta a garantire
che le piante si riprendano completamente e che le
malattie non si ripresentino. Inoltre, i dati raccolti durante
questo periodo possono essere utilizzati per affinare
ulteriormente le strategie di trattamento e prevenzione.

Formazione e Aggiornamento Continuo del Personale

La formazione continua del personale è un elemento chiave
nella gestione efficace delle malattie in idroponica. Man
mano che emergono nuove malattie e nuovi metodi di
trattamento, mantenere il personale informato e
competente è fondamentale. Workshop regolari, corsi di
aggiornamento e accesso a risorse educative possono
aiutare i coltivatori a rimanere all'avanguardia nel
riconoscimento e nel trattamento delle malattie delle
piante.

Integrazione di Dati Ambientali Esterni

Incorporare dati ambientali esterni, come condizioni
meteorologiche e dati climatici, nel sistema di gestione
delle malattie può offrire vantaggi significativi. Questi dati
possono aiutare a prevedere outbreak di malattie basati su
condizioni climatiche che favoriscono lo sviluppo di specifici
patogeni, permettendo ai coltivatori di prendere misure
preventive prima che le malattie si manifestino.

Sviluppo di Reti Collaborative

Creare reti collaborative tra coltivatori, ricercatori e
specialisti in malattie delle piante può facilitare uno

scambio di informazioni e risorse che potenzia la capacità di tutti i membri della rete di gestire efficacemente le malattie. Queste collaborazioni possono includere la condivisione di dati di ricerca, lo sviluppo di nuove strategie di trattamento e anche la risposta coordinata agli outbreak di malattie.

Adozione di Pratiche Sostenibili

Infine, è essenziale adottare pratiche di trattamento delle malattie che siano sostenibili e rispettose dell'ambiente. Questo include la riduzione dell'uso di pesticidi chimici, l'adozione di metodi di biocontrollo e la ricerca continua di soluzioni innovative che minimizzino l'impatto ambientale mentre combattono efficacemente le malattie. Queste pratiche non solo aiutano a proteggere l'ecosistema ma anche a costruire un'operazione di idroponica che sia resiliente e sostenibile a lungo termine.

Implementazione di Strumenti di Diagnosi Genetica

L'avanzamento nella biotecnologia ha reso possibile l'uso di strumenti di diagnostica genetica per identificare precocemente le malattie nelle piante. Questi strumenti possono rilevare specifici patogeni attraverso l'analisi del DNA o del RNA, permettendo un'intervento tempestivo prima che la malattia si manifesti visibilmente. La diagnostica genetica può essere particolarmente utile per rilevare infezioni latenti che potrebbero altrimenti passare inosservate fino a quando non causano danni significativi.

Sviluppo di Protocolli Basati su Modelli Epidemiologici

L'uso di modelli epidemiologici in idroponica può aiutare a prevedere e gestire la diffusione delle malattie all'interno di un impianto. Questi modelli considerano vari fattori come la densità delle piante, i tassi di trasmissione delle malattie e le pratiche di gestione per sviluppare strategie efficaci che minimizzino la propagazione delle infezioni. L'integrazione di queste analisi nel sistema di gestione quotidiana può guidare le decisioni riguardo alla quarantena di piante malate, alla disinfezione delle strutture e al controllo del clima.

Utilizzo di Coperture Protettive

L'adozione di coperture protettive nelle aree di coltivazione idroponica può ridurre il rischio di alcune malattie. Queste coperture possono prevenire la contaminazione da spore portate dal vento o da insetti, riducendo significativamente la possibilità di infezioni fungine e batteriche. Le coperture possono anche aiutare a mantenere condizioni ambientali più controllate, stabilizzando umidità e temperature che possono influenzare la diffusione di malattie.

Innovazione nei Metodi di Irrigazione

Modificare i metodi di irrigazione per ridurre l'umidità eccessiva può essere cruciale nella prevenzione delle malattie. Sistemi di irrigazione che minimizzano il contatto dell'acqua con le foglie delle piante possono prevenire lo sviluppo di malattie fungine che prosperano in condizioni umide. L'irrigazione a goccia o l'uso di sistemi di nebulizzazione a basso impatto sono esempi di come l'innovazione tecnologica può ridurre il rischio di malattie.

Ricerca e Sviluppo Continuo

Investire in ricerca e sviluppo è fondamentale per affrontare le sfide poste dalle malattie in ambienti idroponici. Collaborazioni con università, istituti di ricerca e altre aziende agricole possono portare a scoperte significative e allo sviluppo di nuove tecnologie o varietà di piante resistenti alle malattie. Questi sforzi congiunti possono accelerare l'innovazione e fornire soluzioni più efficaci e sostenibili.

Educazione del Consumatore

Informare i consumatori sulle pratiche di gestione delle malattie adottate in idroponica e sui loro benefici può aiutare a costruire una maggiore fiducia e accettazione delle tecnologie e delle metodologie utilizzate. Educare il pubblico sui vantaggi della produzione idroponica, compresa la riduzione dell'uso di pesticidi chimici e l'aumento della sostenibilità, può favorire una maggiore domanda di prodotti coltivati in modo responsabile.

Valutazione Costante del Rischio

Infine, una valutazione costante del rischio di malattie è essenziale per la gestione efficace in idroponica. Utilizzare strumenti analitici per valutare regolarmente il rischio basato sulle condizioni attuali di coltivazione e sulle tendenze storiche può aiutare a prevenire future epidemie. Questo approccio proattivo non solo protegge le piante ma ottimizza anche l'uso delle risorse e aumenta la resilienza complessiva del sistema idroponico.

Integrazione di Sistemi Predittivi di Salute delle Piante

L'introduzione di sistemi predittivi nell'ambito della salute delle piante può rivoluzionare il modo in cui le malattie vengono gestite in idroponica. Utilizzando algoritmi avanzati che analizzano dati ambientali, fisiologici e storici, questi sistemi possono prevedere la probabilità di insorgenza di malattie prima che i sintomi diventino apparenti. Ciò permette interventi più tempestivi e mirati, riducendo l'impatto delle malattie e migliorando la resilienza delle colture.

Sviluppo di Protocolli di Trattamento Personalizzati

La personalizzazione dei protocolli di trattamento in base alle specifiche varietà di piante e alle condizioni locali dell'ambiente idroponico può migliorare significativamente l'efficacia delle misure preventive e curative. Adattare i trattamenti in base alla genetica specifica della pianta e alle sue reazioni ai patogeni può portare a una gestione delle malattie più accurata e meno invasiva.

Uso di Diari Digitali per la Tracciabilità delle Piante

L'impiego di diari digitali per tracciare la salute e la storia di trattamento di ogni pianta può fornire dati preziosi per il monitoraggio della salute delle colture nel tempo. Questi diari possono includere dettagli sulle condizioni di crescita, interventi effettuati, reazioni alle terapie e altre osservazioni pertinenti. La tracciabilità completa delle informazioni aiuta a identificare rapidamente le cause delle malattie e a ottimizzare i protocolli di trattamento basati su dati storici affidabili.

Miglioramento delle Comunicazioni tra Operatori

Facilitare una comunicazione efficace tra i membri del team di coltivazione è essenziale per una gestione efficace delle malattie. Sistemi di comunicazione integrati che permettono di condividere rapidamente aggiornamenti sulla salute delle piante, allarmi di malattie e modifiche dei protocolli possono aiutare a mantenere tutti gli operatori informati e reattivi. Ciò è particolarmente importante in strutture grandi o geograficamente distribuite, dove la coerenza delle informazioni è cruciale.

Implementazione di Tecniche di Biofortificazione

L'adozione di tecniche di biofortificazione, che migliorano la resistenza naturale delle piante alle malattie attraverso modifiche nutrizionali o trattamenti biologici, è un altro approccio promettente. Queste tecniche possono includere l'introduzione di microbi benefici nel sistema radicale o l'ottimizzazione delle soluzioni nutritive per rafforzare le difese naturali delle piante contro patogeni specifici.

Utilizzo di Agenti di Controllo Biologico

L'uso di agenti di controllo biologico, come insetti predatori, funghi antagonisti o batteri benefici, per combattere i patogeni in modo naturale sta diventando sempre più popolare. Questi agenti possono aiutare a mantenere l'equilibrio ecologico all'interno del sistema idroponico e ridurre la necessità di interventi chimici, promuovendo una produzione più sostenibile e ecologicamente responsabile.

Monitoraggio Continuo dei Residui di Pesticidi

Per le colture che richiedono l'uso di pesticidi chimici, il monitoraggio continuo dei residui nei prodotti finali è fondamentale per garantire la sicurezza alimentare. Implementare rigorosi controlli di qualità e frequenti test di residui può aiutare a mantenere i livelli di pesticidi entro i limiti sicuri, salvaguardando la salute dei consumatori e conformandosi alle normative vigenti.

Valutazione Periodica delle Strategie di Gestione delle Malattie

Infine, una valutazione periodica dell'efficacia delle strategie di gestione delle malattie adottate è cruciale. Questo processo di revisione può identificare aree di miglioramento, adattare le pratiche alle nuove scoperte scientifiche e rispondere a cambiamenti nelle condizioni ambientali o nelle pressioni delle malattie. Attraverso questi cicli di valutazione e aggiustamento, è possibile mantenere una gestione delle malattie dinamica e altamente reattiva, capace di proteggere efficacemente le colture idroponiche.

Concludendo la discussione sulla prevenzione e gestione delle malattie in idroponica, è evidente che l'approccio richiede una combinazione di vigilanza attenta, strategie preventive proattive, e interventi curativi mirati. Questo approccio multifacettato è essenziale per mantenere un ambiente di coltivazione sano e per garantire la produttività e la sostenibilità delle operazioni idroponiche.

Elementi Chiave per una Gestione Efficace delle Malattie in Idroponica

1. **Riconoscimento Precoce e Monitoraggio**: L'uso di sensori avanzati e tecniche di imaging per rilevare i primi segni di malattia è fondamentale. Un monitoraggio regolare e dettagliato permette di intervenire rapidamente prima che le malattie possano diffondersi o causare danni significativi.

2. **Prevenzione Attiva**: Mantenere condizioni ambientali ottimali, praticare un'igiene rigorosa e utilizzare sistemi di quarantena per nuove piante sono tutte pratiche cruciali che aiutano a prevenire l'insorgenza e la diffusione delle malattie.

3. **Diagnostica Avanzata**: L'identificazione precisa delle malattie attraverso metodi diagnostici come l'analisi genetica consente di applicare trattamenti più mirati e efficaci, riducendo l'uso inappropriato di pesticidi.

4. **Trattamenti Sostenibili e Personalizzati**: L'adozione di metodi di controllo biologico e la personalizzazione dei trattamenti in base alle specifiche esigenze delle piante e ai tipi di malattie migliorano l'efficacia dei protocolli di trattamento e minimizzano gli impatti ambientali negativi.

5. **Formazione e Capacitazione Continua**: Investire nella formazione continua del personale per utilizzare nuove tecnologie e comprendere le migliori pratiche di gestione delle malattie è vitale per il successo a lungo termine.

6. **Adozione di Tecnologie Innovative**: L'integrazione di nuove tecnologie che migliorano il monitoraggio e la gestione delle malattie, come l'intelligenza artificiale, i sistemi predittivi e le tecniche di biofortificazione, può trasformare l'approccio alla gestione delle malattie.

7. **Valutazioni Periodiche e Aggiustamenti**: Effettuare revisioni periodiche delle strategie di gestione delle malattie e adattarle in risposta a nuove informazioni, cambiamenti nelle condizioni di coltivazione o emergere di nuove minacce di malattie assicura che le pratiche rimangano all'avanguardia e altamente efficaci.

Conclusione

In sintesi, la gestione delle malattie in sistemi idroponici richiede un approccio olistico che valorizza tanto la prevenzione quanto l'intervento. Attraverso la combinazione di tecnologie avanzate, pratiche di coltivazione rigorose, e una forte enfasi sulla formazione e l'innovazione continua, è possibile non solo combattere efficacemente le malattie esistenti ma anche migliorare la resilienza delle piante contro le future minacce di malattie. Questo approccio non solo salvaguarda la salute delle piante e la produttività delle colture ma promuove anche una idroponica più sostenibile e responsabile.

10. Controllo dei parassiti - Metodi biologici e chimici per la gestione dei parassiti in un sistema idroponico.

Il controllo dei parassiti in idroponica rappresenta una sfida critica per mantenere un ambiente di coltivazione sano e produttivo. Gli operatori idroponici possono adottare una varietà di metodi biologici e chimici per gestire efficacemente i parassiti, bilanciando la necessità di protezione delle colture con l'impatto ambientale e la sicurezza del consumatore. Ecco una panoramica dettagliata delle strategie disponibili:

Metodi Biologici

1. **Introduzione di Predatori Naturali**: Uno dei metodi biologici più efficaci per il controllo dei parassiti è l'utilizzo di predatori naturali. Ad esempio, l'introduzione di coccinelle per combattere infestazioni di afidi o l'uso di acari predatori per controllare le popolazioni di acari dannosi. Questi predatori naturali possono aiutare a mantenere l'equilibrio ecologico e ridurre la necessità di pesticidi chimici.

2. **Insetti Sterili o Tecnica dell'Insetto Incompatibile**: Questa tecnica involve l'uso di insetti sterili rilasciati nell'ambiente per interrompere il ciclo riproduttivo dei parassiti. Questo metodo è stato utilizzato con successo per controllare le popolazioni di mosche e altri insetti dannosi.

3. **Biopesticidi**: I biopesticidi sono derivati da sostanze naturali come piante, batteri, funghi e certi minerali. Questi prodotti tendono ad avere un impatto ambientale minore rispetto ai pesticidi chimici tradizionali e sono spesso efficaci contro una gamma specifica di parassiti.

4. **Feromoni e Trappole**: L'uso di feromoni per attrarre i parassiti in trappole è un altro metodo biologico efficace. Queste trappole possono essere utilizzate sia per monitorare le popolazioni di parassiti sia per ridurne i numeri.

Metodi Chimici

1. **Pesticidi Selettivi**: Quando l'uso di pesticidi è necessario, scegliere prodotti selettivi che mirano specificamente ai parassiti che si desidera controllare può aiutare a minimizzare l'impatto su altri insetti benefici. Questo approccio aiuta a preservare l'equilibrio ecologico all'interno dell'ambiente idroponico.

2. **Rotazione dei Pesticidi**: Per evitare lo sviluppo di resistenza nei parassiti, è importante ruotare i pesticidi con diversi meccanismi d'azione. Questa pratica aiuta a mantenere l'efficacia dei trattamenti nel tempo e riduce la probabilità che i parassiti sviluppino resistenza.

3. **Applicazione Mirata**: L'applicazione mirata di pesticidi chimici, usando metodi come l'irrigazione gocciolante o spruzzatori direzionali, può ridurre la quantità di chimici utilizzati e limitare l'esposizione delle piante e dell'ambiente ai pesticidi.

4. **Monitoraggio e Soglie di Intervento**: Stabilire soglie di intervento basate su un attento monitoraggio delle popolazioni di parassiti può aiutare a determinare il momento più efficace per applicare trattamenti chimici, riducendo così l'uso eccessivo di pesticidi.

Considerazioni per la Gestione Integrata dei Parassiti (IPM)

1. **Diagnosi Accurata**: Identificare correttamente i parassiti è essenziale per scegliere il metodo di controllo più efficace. Una diagnosi accurata aiuta a evitare trattamenti inutili o inappropriati che possono essere costosi e dannosi per l'ambiente.

2. **Approccio Integrato**: Combinare metodi biologici e chimici in un approccio integrato di gestione dei parassiti può offrire la migliore difesa contro le infestazioni mantenendo al contempo l'integrità ecologica del sistema idroponico.

3. **Educazione e Formazione Continua**: Mantenere il personale informato sulle ultime pratiche e prodotti per il controllo dei parassiti è fondamentale. La formazione continua aiuta a garantire che le tecniche di controllo dei parassiti siano applicate in modo efficace e responsabile.

4. **Valutazione Periodica**: Monitorare regolarmente l'efficacia delle strategie di controllo dei parassiti e apportare aggiustamenti basati su feedback e risultati è essenziale per una gestione efficace.

In sintesi, la gestione dei parassiti in idroponica richiede un'attenta considerazione delle opzioni disponibili, con un focus su pratiche sostenibili e rispettose dell'ambiente. Un approccio ben pianificato e integrato non solo protegge le colture ma supporta anche un ecosistema idroponico equilibrato e sano.

Sviluppo di Resistenza Genetica nelle Piante

Una strategia efficace per il controllo a lungo termine dei parassiti in idroponica include il miglioramento genetico delle piante per aumentarne la resistenza ai parassiti. Attraverso tecniche di ingegneria genetica o selezione tradizionale, è possibile sviluppare varietà di piante che sono naturalmente più resistenti agli attacchi di specifici parassiti. Questo non solo riduce la dipendenza da interventi chimici ma può anche migliorare la sostenibilità complessiva delle pratiche agricole.

Utilizzo di Microbioma del Suolo

L'adozione di pratiche che supportano un microbioma del suolo sano anche in sistemi idroponici, come l'introduzione di substrati arricchiti con microrganismi benefici, può giocare un ruolo cruciale nella prevenzione delle infestazioni di parassiti. Questi microbi possono competere con i patogeni per le risorse o direttamente antagonizzarli attraverso la produzione di sostanze antibatteriche e fungicide. Mantenere una biodiversità microbica può essere un metodo efficace per proteggere le piante.

Strategie di Confusione dei Parassiti

Tecniche che confondono i parassiti, impiegando feromoni o altre sostanze che interferiscono con i loro segnali di accoppiamento o di navigazione, possono essere utilizzate per ridurre il tasso di riproduzione dei parassiti senza l'uso di pesticidi. Queste strategie sono particolarmente utili contro i parassiti volanti o migratori e possono essere integrate in un approccio di gestione integrata dei parassiti.

Adozione di Pratiche Culturali

Le pratiche culturali, come la rotazione delle colture, la rimozione tempestiva dei residui di piante e la gestione accurata dei detriti vegetali, possono limitare significativamente le fonti di infestazione e riproduzione dei parassiti. Inoltre, la gestione dell'illuminazione e la temperatura può influenzare direttamente l'attività dei parassiti, rendendo l'ambiente meno ospitale per loro.

Tecnologia di Rilascio Controllato

L'uso di tecnologie che permettono il rilascio controllato di pesticidi o agenti di biocontrollo direttamente nelle aree interessate può massimizzare l'efficacia del trattamento riducendo al contempo l'esposizione delle piante e dell'ambiente a sostanze chimiche nocive. Questi sistemi possono essere programmati per erogare il trattamento in momenti ottimali, come durante le ore di minore attività delle piante quando i parassiti sono più attivi.

Monitoraggio Basato su Dati e AI

L'integrazione di piattaforme di dati e intelligenza artificiale può trasformare il monitoraggio dei parassiti da un processo manuale e soggettivo a uno automatizzato e basato su dati. Questi sistemi possono analizzare continuamente grandi volumi di dati ambientali e di coltivazione per rilevare modelli o anomalie che indicano problemi di parassiti. L'AI può anche prevedere focolai di parassiti basandosi su modelli climatici e dati storici, permettendo interventi preventivi prima che i parassiti diventino un problema significativo.

Collaborazione e Condivisione delle Informazioni

Favorire una cultura di collaborazione e condivisione delle informazioni tra coltivatori, ricercatori e consulenti può accelerare l'adozione di nuove strategie e tecnologie nel controllo dei parassiti. La condivisione di successi e fallimenti può aiutare a costruire una base di conoscenze che beneficia l'intera comunità idroponica, migliorando le pratiche di controllo dei parassiti su larga scala.

Continua Ricerca e Sviluppo

Infine, l'investimento continuo nella ricerca e nello sviluppo è fondamentale per stare al passo con l'evoluzione dei parassiti e le emergenti resistenze ai trattamenti. La ricerca può portare allo sviluppo di nuovi metodi di controllo, più efficaci e meno dannosi per l'ambiente, garantendo che le pratiche di controllo dei parassiti rimangano efficaci e sostenibili nel lungo termine.

Sviluppo di Strumenti Diagnostici Innovativi

L'avanzamento tecnologico ha permesso lo sviluppo di strumenti diagnostici sempre più sofisticati che possono identificare rapidamente e con precisione la presenza di parassiti nelle colture idroponiche. Questi strumenti possono variare da sensori avanzati che rilevano cambiamenti fisiologici nelle piante a sistemi basati su visione artificiale che identificano visivamente i segni di infestazione. La diagnosi precoce tramite questi strumenti permette interventi tempestivi e più mirati, riducendo significativamente il danno potenziale alle piante.

Ottimizzazione dei Regimi di Fertilizzazione

Una strategia efficace per mitigare il rischio di parassiti comprende l'ottimizzazione dei regimi di fertilizzazione. Un eccesso o una carenza di nutrienti può rendere le piante più suscettibili a infestazioni da parassiti. Implementare protocolli di fertilizzazione che mantengano le piante in salute ottimale può aumentare la loro resistenza ai parassiti e ridurre la necessità di interventi chimici.

Impiego di Coperture Fisiche

L'uso di coperture fisiche, come reti anti-insetto o schermi, in sistemi idroponici può fisicamente prevenire l'accesso ai parassiti, proteggendo le colture senza l'uso di sostanze chimiche. Queste barriere possono essere particolarmente utili contro parassiti volanti o rampicanti e possono essere una soluzione sostenibile per ridurre la dipendenza da pesticidi.

Gestione Integrata dell'Acqua

Poiché l'idroponica utilizza sistemi di acqua ricircolata, la gestione dell'acqua diventa cruciale per prevenire la diffusione di parassiti acquatici o di quelli che prosperano in ambienti umidi. Implementare sistemi di filtrazione e disinfezione dell'acqua, come l'ozonizzazione o l'ultravioletto, può mantenere l'acqua libera da patogeni e ridurre il rischio di infestazioni.

Educazione Comunitaria e Workshops

Organizzare workshops ed eventi educativi per coltivatori idroponici può aiutare a diffondere conoscenze su pratiche efficaci di controllo dei parassiti e su nuove ricerche nel campo. La formazione può coprire argomenti come l'identificazione dei parassiti, l'uso responsabile dei pesticidi, e l'implementazione di controlli biologici, contribuendo a elevare le competenze generali nella comunità.

Analisi Costi-Benefici di Trattamenti Antiparassitari

Condurre analisi costi-benefici regolari dei diversi trattamenti antiparassitari può aiutare i coltivatori a prendere decisioni informate riguardo alle opzioni di controllo più efficienti ed economiche. Queste analisi dovrebbero considerare non solo i costi immediati dei trattamenti, ma anche gli impatti a lungo termine sulla salute delle piante, sul rendimento delle colture e sull'ambiente.

Sviluppo di Politiche di Controllo Sostenibile

Lavorare con organismi di regolamentazione e gruppi di interesse per sviluppare e implementare politiche che supportino metodi di controllo dei parassiti sostenibili e responsabili può avere un impatto significativo. Questo può includere incentivi per l'adozione di tecnologie ecocompatibili, normative che limitino l'uso di pesticidi dannosi, e supporto per la ricerca in alternative sostenibili.

Adattamento ai Cambiamenti Climatici

Considerare gli effetti dei cambiamenti climatici sulle dinamiche dei parassiti e su come questi possano influenzare la diffusione e l'efficacia dei metodi di controllo è essenziale. Modelli climatici possono essere utilizzati per prevedere cambiamenti nelle popolazioni di parassiti e per adattare di conseguenza le strategie di controllo, garantendo che rimangano efficaci nonostante le variazioni ambientali.

Miglioramento Continuo e Feedback

Infine, l'adozione di un approccio di miglioramento continuo, basato su feedback regolari e revisioni delle pratiche di controllo dei parassiti, assicura che i metodi rimangano all'avanguardia e altamente efficaci. La raccolta e l'analisi di feedback da parte dei coltivatori, combinata con l'aggiornamento costante delle pratiche in base alle ultime ricerche e tecnologie, possono aiutare a mantenere un ambiente idroponico resiliente e produttivo.

Utilizzo di Sistemi di Monitoraggio Ambientale Avanzati

Per una gestione efficace dei parassiti in idroponica, l'impiego di sistemi di monitoraggio ambientale avanzati è fondamentale. Questi sistemi possono rilevare variazioni microclimatiche all'interno del sistema idroponico che potrebbero favorire lo sviluppo di parassiti. Ad esempio, sensori che misurano l'umidità relativa, la temperatura e la concentrazione di CO2 possono aiutare a identificare condizioni che necessitano di ajustamenti per minimizzare i rischi di infestazione.

Integrazione di Modelli di Simulazione

L'adozione di modelli di simulazione per prevedere la proliferazione dei parassiti in base a dati storici e attuali condizioni ambientali può fornire un potente strumento per il controllo preventivo. Questi modelli possono aiutare a prevedere picchi di attività parassitaria e permettere agli operatori di implementare misure di controllo prima che i parassiti raggiungano livelli dannosi.

Sviluppo di Protocolli di Intervento Rapido

Creare protocolli di intervento rapido che possono essere attivati non appena vengono rilevati segni di un'infestazione può limitare significativamente il danno ai raccolti. Questi protocolli dovrebbero includere linee guida chiare su come e quando applicare trattamenti biologici o chimici, assicurando che ogni passaggio sia conforme agli standard di sostenibilità e sicurezza.

Collaborazione con Esperti di Entomologia

Stabilire collaborazioni con entomologi e altri specialisti in scienze delle piante può arricchire la comprensione dei coltivatori riguardo ai comportamenti dei parassiti e alle tecniche di controllo più efficaci. Questi esperti possono fornire insight preziosi, nuove ricerche e aggiornamenti su metodi emergenti di controllo dei parassiti.

Utilizzo di Dati Satellitari

L'impiego di dati satellitari per monitorare le condizioni climatiche esterne può anche giocare un ruolo cruciale nel controllo dei parassiti in idroponica. Questi dati possono aiutare a prevedere variazioni meteorologiche che potrebbero influenzare direttamente o indirettamente la popolazione di parassiti, come aumento dell'umidità o cambiamenti di temperatura che favoriscono la loro proliferazione.

Promozione della Biodiversità Interna

Favorire la biodiversità all'interno del sistema idroponico può essere una strategia naturale per controllare i parassiti. La presenza di una varietà di piante può attrarre predatori naturali dei parassiti e interrompere il ciclo di vita di specifici parassiti. Inoltre, la diversità delle piante può limitare la diffusione di parassiti che preferiscono ospiti specifici.

Applicazione di Regolamenti e Normative

Adottare e aderire a regolamenti e normative locali riguardanti l'uso di pesticidi e la gestione dei parassiti è cruciale per mantenere pratiche sostenibili e responsabili. Essere informati sulle leggi vigenti può aiutare i coltivatori a evitare sanzioni e a migliorare la loro reputazione tra i consumatori consapevoli dell'ambiente.

Monitoraggio e Valutazione Continua

Infine, il monitoraggio e la valutazione continua delle strategie di controllo dei parassiti sono essenziali per il loro successo a lungo termine. Questo include l'analisi dell'efficacia dei metodi impiegati, l'adattamento delle pratiche in risposta a nuove sfide e l'adozione di tecnologie innovative che possono emergere. L'implementazione di feedback regolari e la revisione dei protocolli possono garantire che le pratiche di controllo dei parassiti rimangano all'avanguardia e altamente efficaci nel proteggere le colture idroponiche.

Strategie di Co-evoluzione con Parassiti

L'approccio della co-evoluzione con i parassiti implica l'adattamento delle pratiche colturali per evolvere insieme agli ecosistemi naturali, piuttosto che cercare di eliminare completamente i parassiti. Questo può includere la selezione di varietà di piante che possano coesistere con determinati parassiti, riducendo la necessità di interventi chimici e promuovendo la resilienza a lungo termine del sistema idroponico.

Analisi Predittiva Avanzata

Utilizzare software di analisi predittiva avanzata che integra dati in tempo reale e storici per prevedere le infestazioni future può trasformare la gestione dei parassiti. Questi strumenti possono analizzare tendenze stagionali, modelli di comportamento dei parassiti e l'efficacia delle strategie di controllo passate, permettendo ai coltivatori di anticipare problemi e agire preventivamente prima che gli infestanti raggiungano livelli critici.

Sistemi di Rilevamento a Distanza

L'impiego di sistemi di rilevamento a distanza per monitorare la salute delle colture può contribuire a una gestione dei parassiti più efficiente. Questi sistemi, spesso basati su droni o satelliti, possono scattare fotografie ad alta risoluzione che vengono poi analizzate per rilevare precocemente i segni di stress delle piante causati dai parassiti.

Formazione di Comunità di Pratica

Creare comunità di pratica tra coltivatori idroponici può facilitare lo scambio di conoscenze ed esperienze relative al controllo dei parassiti. Tali comunità possono organizzare incontri regolari, workshop e seminari online per discutere nuove ricerche, condividere successi e fallimenti, e collaborare su progetti congiunti che migliorano le tecniche di gestione dei parassiti in modo collettivo.

Adozione di Pratiche di Agroecologia

Incorporare principi di agroecologia, che enfatizzano la salute dell'ecosistema completo, può offrire nuove soluzioni per il controllo dei parassiti in idroponica. Questo potrebbe includere la creazione di "zone buffer" con biodiversità aumentata attorno agli impianti idroponici per attrarre predatori naturali dei parassiti o l'uso di piante compagne che naturalmente respingono specifici parassiti.

Tecnologie di Modificazione Ambientale

Sviluppare e implementare tecnologie che possono modificare le condizioni ambientali all'interno delle strutture idroponiche per rendere l'habitat meno ospitale per i parassiti è un'altra strategia innovativa. Questo può includere l'ajustamento dei livelli di umidità, l'ottimizzazione della ventilazione o l'alterazione dello spettro luminoso per interferire con i cicli di vita dei parassiti.

Sistemi di Feedback Intelligente

Implementare sistemi di feedback intelligente che utilizzano sensori IoT per raccogliere dati continuamente e li analizzano per fornire raccomandazioni di gestione in tempo reale può migliorare significativamente l'efficacia del controllo dei parassiti. Questi sistemi possono allertare automaticamente i coltivatori quando i parametri di controllo deviano dalle norme stabilite e suggerire le azioni correttive appropriate.

Utilizzo di Nanotecnologie

Esplorare l'uso di nanotecnologie nel rilascio mirato di biopesticidi o nella creazione di barriere fisiche a livello microscopico che possono prevenire l'ingresso o la proliferazione di parassiti. Queste tecnologie possono offrire soluzioni precise e ridurre l'impatto ambientale associato all'uso di pesticidi tradizionali.

Valutazione Continua dell'Impatto Ambientale

Concludendo, è essenziale condurre valutazioni continue dell'impatto ambientale delle pratiche di controllo dei parassiti. Assicurarsi che queste pratiche non solo proteggano le colture ma siano anche sostenibili è cruciale per il successo a lungo termine dell'agricoltura idroponica. Questo include monitorare gli effetti residui dei pesticidi, la salute dell'ecosistema locale, e la biodiversità, garantendo che le pratiche di controllo dei parassiti siano responsabili e rispettose dell'ambiente circostante.

Concludendo, il controllo efficace dei parassiti in sistemi idroponici richiede un approccio integrato e multifattoriale che combina metodi biologici e chimici. L'adozione di tali strategie consente di proteggere le colture in modo sostenibile, mantenendo al contempo la salute dell'ecosistema e la sicurezza alimentare.

Strategie Principali per il Controllo dei Parassiti in Idroponica:

1. **Metodi Biologici**: L'uso di predatori naturali, insetti sterili, biopesticidi, e feromoni rappresenta un approccio ecocompatibile che riduce la dipendenza da pesticidi chimici. Questi metodi aiutano a mantenere l'equilibrio biologico e possono essere particolarmente efficaci per il controllo a lungo termine dei parassiti.

2. **Metodi Chimici**: Quando necessario, l'uso mirato di pesticidi chimici, preferibilmente quelli selettivi e a basso impatto, deve essere gestito con cautela per evitare resistenze e minimizzare l'impatto ambientale. La rotazione dei pesticidi e l'applicazione mirata sono cruciali per la sostenibilità di questi trattamenti.

3. **Monitoraggio e Diagnosi Precoce**: Sistemi di monitoraggio avanzati, inclusi sensori e imaging, sono essenziali per il riconoscimento precoce delle infestazioni, permettendo interventi tempestivi e riducendo l'uso eccessivo di trattamenti.

4. **Gestione Integrata dei Parassiti (IPM)**: Unendo diversi metodi di controllo, l'IPM mira a gestire le popolazioni di parassiti in modo efficace ed ecologico. Questo approccio include una valutazione accurata delle infestazioni, l'uso combinato di pratiche culturali, biologiche e chimiche, e

l'implementazione di soglie di intervento basate su dati scientifici.

5. **Formazione e Capacitazione Continua**: La formazione continua del personale è fondamentale per implementare efficacemente le strategie di controllo dei parassiti. La comprensione delle ultime tecniche, prodotti e normative aiuta a garantire che le pratiche adottate siano le più efficaci e sicure.

6. **Sostenibilità e Responsabilità Ambientale**: Le pratiche di controllo dei parassiti devono essere valutate non solo per la loro efficacia immediata ma anche per il loro impatto a lungo termine sull'ambiente. La sostenibilità delle pratiche è essenziale per proteggere gli ecosistemi naturali e per garantire la sicurezza alimentare.

7. **Innovazione e Adattabilità**: La ricerca continua e l'adozione di nuove tecnologie come la nanotecnologia, i sistemi di rilascio controllato, e l'intelligenza artificiale migliorano l'efficacia del controllo dei parassiti. L'adattabilità alle nuove scoperte e alle mutevoli condizioni ambientali assicura che le pratiche di controllo rimangano all'avanguardia.

Conclusione

In sintesi, il controllo dei parassiti in idroponica è un compito complesso che richiede un approccio olistico, integrando metodi biologici, chimici e gestionali. Attraverso la collaborazione, l'innovazione continua e un forte impegno per la sostenibilità, è possibile proteggere efficacemente le colture idroponiche dai parassiti mantenendo al contempo la salute dell'ecosistema e la sicurezza del consumatore. Questo non solo salvaguarda le produzioni attuali ma contribuisce anche alla resilienza e alla produttività futura del settore idroponico.

11. Tecniche di potatura e gestione della crescita delle piante - Tecniche specifiche per massimizzare la resa e la qualità del raccolto.

Le tecniche di potatura e gestione della crescita delle piante sono fondamentali in idroponica per massimizzare la resa e la qualità del raccolto. Queste pratiche influenzano non solo l'aspetto estetico delle piante ma anche la loro salute, la produttività e la qualità del frutto. Di seguito, esploreremo alcune delle tecniche specifiche utilizzate in questo contesto.

Tecniche di Potatura

1. **Potatura di Pulizia**: Questa tecnica involve rimuovere le parti malate, danneggiate o morte della pianta. Aiuta a prevenire la diffusione di malattie e parassiti e a ridirigere l'energia della pianta verso la crescita di nuovi fusti e foglie più sani.

2. **Potatura di Formazione**: Essenziale per dare alla pianta la forma desiderata e per ottimizzare l'esposizione alla luce di tutte le parti della pianta. Questo tipo di potatura stimola la crescita di nuovi rami e può aumentare la produttività delle piante da frutto.

3. **Potatura di Produzione o Fruttificazione**: Specifica per le piante che producono frutti, questa tecnica è usata per rimuovere i fiori in eccesso o i frutti piccoli per consentire alla pianta di concentrare le sue risorse sui frutti che hanno il potenziale per svilupparsi completamente, migliorando così la qualità e la dimensione del raccolto.

4. **Snapping o Pizzicatura**: Consiste nel rimuovere le punte delle piante per stimolare la ramificazione laterale. Questo metodo è particolarmente utile per le erbe e alcune verdure a foglia, poiché aumenta la densità della pianta e promuove una crescita più folta.

Gestione della Crescita

1. **Training**: Tattiche come il diradamento delle piante e il supporto con tutori possono guidare la crescita in direzioni specifiche e migliorare l'accesso alla luce, fondamentale per la fotosintesi. Tecniche come il trellising o l'uso di reti possono supportare piante più alte e pesanti, garantendo che crescano diritte e sane.

2. **Manipolazione degli Ormoni**: L'applicazione di regolatori di crescita o ormoni vegetali può influenzare vari aspetti della fisiologia della pianta, inclusi la germinazione, la fioritura, l'allungamento dello stelo e la caduta delle foglie. Questi prodotti devono essere usati con cautela e secondo le indicazioni specifiche per ogni tipo di pianta.

3. **Controllo Ambientale**: Regolare fattori ambientali come la temperatura, l'umidità, la concentrazione di CO_2 e i livelli di luce può avere un impatto significativo sulla crescita delle piante. Sistemi idroponici ben gestiti utilizzano controlli ambientali sofisticati per ottimizzare queste condizioni e promuovere una crescita vigorosa e sana.

4. **Gestione Nutrizionale**: Un'alimentazione bilanciata è cruciale in idroponica. La precisione nel dosaggio dei nutrienti e la frequenza di applicazione possono prevenire problemi di crescita e assicurare che le piante ricevano esattamente ciò di cui hanno bisogno per fiorire e fruttificare abbondantemente.

Importanza della Formazione e del Monitoraggio Continuo

L'implementazione efficace delle tecniche di potatura e gestione della crescita richiede una formazione adeguata e un monitoraggio continuo da parte dei coltivatori. Conoscere le esigenze specifiche delle diverse varietà di piante e capire come reagiscono a vari interventi permette di adattare le tecniche alle condizioni specifiche e agli obiettivi di produzione.

In conclusione, l'applicazione strategica delle tecniche di potatura e delle pratiche di gestione della crescita in idroponica è essenziale per ottimizzare la resa e la qualità del raccolto. Queste pratiche non solo migliorano la salute e la vitalità delle piante ma contribuiscono anche all'efficienza del sistema idroponico, garantendo un approvvigionamento costante di prodotti di alta qualità.

Utilizzo di Tecniche di Stress Controllato

L'applicazione controllata di stress, come la restrizione idrica temporanea o l'esposizione a temperature più basse, può essere utilizzata per stimolare la pianta a produrre composti secondari che migliorano il sapore, il colore e il valore nutritivo dei frutti. Questo metodo, noto come "stress abiotico controllato", deve essere gestito con precisione per evitare danni alle piante.

Adozione di Sistemi di Coltivazione Verticale

L'adozione di sistemi di coltivazione verticale in ambienti idroponici non solo ottimizza lo spazio e aumenta la densità di coltura, ma può anche facilitare la gestione della crescita e della potatura. Le strutture verticali permettono una migliore esposizione alla luce per tutte le piante e un accesso più semplice per la potatura e la raccolta, contribuendo a un mantenimento più efficiente.

Implementazione di Sistemi di Irrigazione di Precisione

Utilizzare sistemi di irrigazione di precisione che possono essere adattati per fornire acqua e nutrienti direttamente alle radici con un controllo molto fine. Questi sistemi possono essere programmati per variare la frequenza e la quantità di irrigazione in base alle fasi di crescita della pianta, migliorando l'efficienza del consumo di acqua e riducendo il rischio di malattie legate a condizioni di umidità eccessiva.

Introduzione di Coperture Riflettenti

L'uso di coperture riflettenti sul pavimento o tra le file di piante può aumentare l'efficienza della luce disponibile riflettendo la luce verso la parte inferiore delle piante. Questo è particolarmente utile in configurazioni dense dove la luce potrebbe non penetrare completamente attraverso il fogliame, aiutando a stimolare una crescita più uniforme e riducendo la necessità di potatura aggressiva.

Ottimizzazione del Fotoperiodo

Regolare il fotoperiodo, ovvero la durata dell'esposizione alla luce, può influenzare significativamente la crescita delle piante e il loro sviluppo. Ad esempio, variazioni nel fotoperiodo possono indurre la fioritura in alcune specie o aumentare la velocità di crescita in altre. Questa tecnica richiede una comprensione approfondita delle esigenze specifiche della pianta e delle risposte al fotoperiodo.

Monitoraggio e Analisi dei Dati di Crescita

Implementare sistemi avanzati per il monitoraggio e l'analisi dei dati di crescita che possono tracciare l'evoluzione della pianta e le risposte ai vari trattamenti. Questi dati possono essere utilizzati per affinare ulteriormente le tecniche di gestione della crescita, adattandole specificamente alle esigenze di ogni pianta e massimizzando l'efficienza della produzione.

Uso di Materiali di Supporto Biodegradabili

Incorporare l'uso di materiali di supporto biodegradabili per il tutoraggio delle piante può non solo aiutare a gestire la forma e la direzione della crescita ma anche contribuire alla sostenibilità dell'operazione idroponica. Questi materiali, come spaghi o reti biodegradabili, supportano la pianta durante la crescita e si degradano naturalmente, riducendo il bisogno di rimozione e smaltimento.

Sviluppo di Protocolli di Reazione alle Anomalie di Crescita

Elaborare protocolli dettagliati per reagire alle anomalie di crescita, come crescita eccessiva o insufficiente, permette di intervenire rapidamente e con misure appropriate. Questi protocolli possono includere ajustamenti dei nutrienti, modifiche del regime di irrigazione, o interventi di potatura specifici.

Valutazione Periodica delle Strategie di Gestione

Infine, è essenziale condurre valutazioni periodiche delle strategie di gestione della crescita e della potatura per assicurarsi che siano efficaci e per identificare aree di miglioramento. Queste valutazioni possono includere analisi dei rendimenti, qualità del raccolto, e feedback operativo per garantire che le pratiche adottate massimizzino la produttività e la salute delle piante in modo sostenibile.

Incorporando queste tecniche avanzate e sistematiche nella routine quotidiana, i coltivatori possono ottimizzare non solo la resa e la qualità del raccolto ma anche la salute generale delle piante nel sistema idroponico, assicurando che le operazioni rimangano produttive e sostenibili nel tempo.

Utilizzo di Analisi Vegetativa Dettagliata

L'adozione di strumenti per l'analisi vegetativa dettagliata, come la spettroscopia o l'analisi di immagini multispettrali, può fornire informazioni preziose sulla salute delle piante e sull'efficacia delle tecniche di potatura e gestione della crescita. Questi strumenti permettono di osservare non solo la morfologia esterna ma anche i cambiamenti fisiologici interni delle piante, aiutando a identificare carenze nutritive o stress prima che diventino visibili esternamente.

Integrazione di Modelli di Crescita Basati su AI

L'uso di modelli di crescita basati sull'intelligenza artificiale (AI) per prevedere come le piante risponderanno a vari trattamenti di potatura e gestione può ottimizzare ulteriormente le pratiche agricole. Questi modelli possono analizzare grandi volumi di dati ambientali e di crescita per identificare i metodi più efficaci per massimizzare la resa e la qualità delle colture in specifiche condizioni ambientali.

Tecnologie di Automazione della Potatura

L'introduzione di tecnologie di automazione per la potatura, come robot dotati di sensori e algoritmi di visione artificiale, può rendere questo processo più efficiente e meno laborioso. Questi sistemi possono essere programmati per riconoscere quando le piante necessitano di interventi specifici e eseguire la potatura in modo preciso, riducendo lo stress per le piante e garantendo una crescita ottimale.

Sviluppo di Substrati Innovativi

Esplorare lo sviluppo di substrati innovativi che possano influenzare positivamente la crescita delle piante e facilitare la gestione della potatura. Ad esempio, substrati che migliorano l'aerazione intorno alle radici possono stimolare una crescita più robusta e sana delle piante, mentre altri substrati potrebbero rilasciare gradualmente nutrienti che supportano specifiche fasi di crescita delle piante.

Formazione Specializzata per Operatori

Offrire formazione specializzata e continuativa agli operatori responsabili della potatura e della gestione della crescita delle piante. Questa formazione dovrebbe includere non solo le tecniche di base ma anche avanzate, come l'interpretazione dei dati raccolti dai sistemi di monitoraggio avanzato e l'aggiornamento sulle ultime ricerche e innovazioni nel campo dell'idroponica.

Utilizzo di Coperture per la Gestione della Luce

L'implementazione di coperture regolabili o tecnologie di ombreggiamento può aiutare a controllare l'intensità e la qualità della luce che raggiunge le piante. Questo controllo può essere cruciale per ottimizzare i cicli di fioritura e fruttificazione e per prevenire stress dovuti a sovraesposizione o mancanza di luce.

Monitoraggio dell'Impatto Ambientale

Continuare a monitorare l'impatto ambientale delle pratiche di gestione della crescita e della potatura per assicurarsi che rimangano sostenibili. Questo include valutare l'uso delle risorse, l'impatto sulla biodiversità locale e l'efficienza energetica dei sistemi idroponici. La sostenibilità dovrebbe essere una considerazione chiave per mantenere pratiche a lungo termine ecologicamente responsabili.

Collaborazioni Interdisciplinari

Favorire collaborazioni interdisciplinari tra botanici, agronomi, ingegneri e tecnologi dell'informazione per sviluppare approcci integrati alla gestione della crescita delle piante. Queste collaborazioni possono portare a innovazioni che combinano conoscenze da diverse discipline, risultando in metodi più efficaci e innovativi di potatura e gestione della crescita.

Feedback Continuo da Parte dei Consumatori

Infine, è importante considerare il feedback dei consumatori riguardo alla qualità e alle caratteristiche dei prodotti derivanti da piante gestite con specifiche tecniche di potatura e crescita. Questo feedback può guidare ulteriori miglioramenti nelle tecniche adottate e assicurare che i prodotti finali soddisfino o superino le aspettative del mercato.

Incorporando queste tecniche e strategie avanzate, i coltivatori possono non solo migliorare la resa e la qualità delle loro colture ma anche promuovere una crescita sostenibile e responsabile nel contesto dell'agricoltura idroponica.

Adattamento delle Tecniche a Diverse Specie Vegetali

Un'attenzione particolare deve essere rivolta all'adattamento delle tecniche di potatura e gestione della crescita a diverse specie vegetali. Ogni pianta ha esigenze specifiche e risponde diversamente a potature e trattamenti. Ad esempio, piante da frutto come i pomodori possono richiedere un diradamento dei frutti per garantire che quelli rimanenti crescano più grandi e saporiti, mentre le piante ornamentali possono necessitare di potature più frequenti per mantenere una forma desiderata e stimolare la fioritura.

Analisi della Risposta delle Piante ai Trattamenti

Implementare sistemi di analisi per monitorare la risposta delle piante ai vari trattamenti di potatura e gestione della crescita può offrire insight preziosi su quali tecniche funzionano meglio per specifiche condizioni o varietà di piante. Questo monitoraggio può includere misurazioni di crescita, analisi della salute delle piante e valutazioni della qualità del raccolto, fornendo dati che possono essere utilizzati per affinare le tecniche utilizzate.

Introduzione di Tecnologie di Potatura Automatizzata

L'esplorazione e l'introduzione di tecnologie di potatura automatizzata possono aiutare a standardizzare e ottimizzare questo processo. Robot dotati di sensori e sistemi di visione artificiale possono eseguire potature precise e consistenti, riducendo il carico di lavoro manuale e aumentando l'efficienza della produzione. Queste tecnologie possono essere particolarmente utili in grandi operazioni commerciali dove la consistenza e la ripetibilità delle potature sono cruciali.

Sviluppo di Composti di Crescita Specifici

Lo sviluppo di composti che influenzano la crescita delle piante, come regolatori della crescita o modificatori ormonali, può offrire ai coltivatori ulteriori strumenti per gestire la crescita delle piante. Questi composti possono essere utilizzati per promuovere o inibire la crescita in specifiche parti della pianta, aiutando a controllare la forma e il vigore della vegetazione e ottimizzando la produzione di frutti o fiori.

Implementazione di Sistemi di Feedback in Tempo Reale

L'utilizzo di sistemi di feedback in tempo reale che forniscono dati immediati sull'effetto delle pratiche di potatura e gestione della crescita può migliorare notevolmente l'efficacia di questi interventi. Questi sistemi possono avvisare i coltivatori quando le piante mostrano segni di stress o quando i risultati desiderati non vengono raggiunti, permettendo ajustamenti rapidi e informati.

Ricerca Continua e Sperimentazione

Mantenere un impegno costante nella ricerca e nella sperimentazione è essenziale per continuare a migliorare le tecniche di potatura e gestione della crescita. Sperimentare con nuovi metodi o variare le tecniche esistenti può portare a scoperte che migliorano ulteriormente la resa e la qualità delle piante coltivate. La collaborazione con istituti di ricerca e altri esperti del settore può accelerare questo processo di innovazione.

Integrazione di Pratiche Ecologiche

Incorporare pratiche ecologicamente sostenibili nel contesto della potatura e della gestione della crescita è vitale per minimizzare l'impatto ambientale delle operazioni idroponiche. Questo può includere l'uso di strumenti manuali dove possibile, la minimizzazione dei rifiuti organici attraverso compostaggio e l'utilizzo di prodotti naturali o biologici per trattamenti supplementari.

Formazione di Alleanze Strategiche

Formare alleanze strategiche con fornitori di tecnologia, università e centri di ricerca può fornire accesso a nuove tecnologie, insights e risorse. Queste collaborazioni possono aiutare a sviluppare soluzioni innovative per la gestione della crescita delle piante che non sono solo efficaci ma anche sostenibili e adattabili a varie condizioni di coltivazione.

Incorporando queste avanzate tecniche e strategie nella gestione quotidiana delle piante, i coltivatori possono non solo migliorare la resa e la qualità del loro raccolto ma anche assicurare la sostenibilità e l'efficienza delle loro operazioni idroponiche, mantenendo un ambiente equilibrato che supporta sia la salute delle piante che quella dell'ecosistema più ampio.

Utilizzo di Dati Storici per Previsioni Accurate

L'analisi di dati storici relativi alla crescita delle piante e ai risultati delle precedenti sessioni di potatura può fornire preziosi insight per prevedere le esigenze future delle piante in idroponica. Questi dati possono aiutare a identificare i periodi ottimali per la potatura e la gestione della crescita, nonché a riconoscere schemi stagionali o variazionali che potrebbero influenzare la salute e la produttività delle piante.

Personalizzazione dei Regimi di Crescita

Personalizzare i regimi di crescita in base alle caratteristiche specifiche di ogni varietà di pianta può ottimizzare ulteriormente le tecniche di potatura e gestione. Ad esempio, alcune piante possono beneficiare di una maggiore frequenza di potatura leggera, mentre altre possono necessitare di interventi più aggressivi ma meno frequenti per stimolare la fruttificazione o la fioritura.

Monitoraggio Microclimatico

L'implementazione di un monitoraggio microclimatico dettagliato all'interno del sistema idroponico può aiutare a adattare le tecniche di potatura e gestione della crescita in modo più efficace. Sensori che misurano l'umidità locale, la temperatura, e i livelli di CO_2 intorno alle piante possono fornire dati cruciali che influenzano le decisioni di gestione quotidiana, assicurando che le condizioni ambientali siano sempre ideali per la crescita delle piante.

Sviluppo di Algoritmi per la Potatura Autonoma

L'evoluzione degli algoritmi per la potatura autonoma, in cui robot dotati di AI eseguono la potatura in base a parametri predefiniti o apprendimento continuo, può rivoluzionare la gestione della crescita delle piante. Questi sistemi possono adattarsi alle esigenze specifiche delle piante e realizzare potature precise e tempestive, riducendo la necessità di intervento umano e aumentando la consistenza e l'efficacia delle operazioni di potatura.

Integrazione di Tecniche Olistiche

Incorporare tecniche olistiche, come la musicoterapia o l'aromaterapia, che sono state sperimentate in alcune coltivazioni per influenzare positivamente la crescita delle piante e ridurre lo stress durante la potatura. Sebbene non convenzionali, queste tecniche possono offrire benefici aggiuntivi migliorando l'ambiente di crescita e potenzialmente aumentando la resa delle piante.

Sistemi di Gestione Basati su Cloud

Utilizzare piattaforme di gestione basate su cloud per centralizzare i dati raccolti dai vari sistemi di monitoraggio e dagli interventi di potatura e gestione della crescita. Questi sistemi possono facilitare l'accesso ai dati in tempo reale e migliorare la collaborazione tra i team di coltivazione, permettendo un'analisi più approfondita e decisioni più informate.

Valutazione Continua dell'Impatto Ecologico

Mantenere una valutazione continua dell'impatto ecologico delle pratiche di potatura e gestione della crescita per assicurare che queste tecniche rimangano sostenibili. Questo include monitorare l'uso di risorse, come acqua e nutrienti, e valutare l'impatto delle attività agricole sull'ambiente locale e sulla biodiversità.

Workshop e Formazione Interattiva

Organizzare workshop e sessioni di formazione interattiva per coltivatori e tecnici agricoli, focalizzandosi sulle ultime tecniche e tecnologie in idroponica. Questi incontri possono anche servire come forum per la discussione di casi di studio, scambio di best practices e sviluppo di nuove idee collaborative.

Ricerca Futura e Sperimentazione

Infine, promuovere una ricerca futura e sperimentazione continua per esplorare nuove metodologie e tecnologie nella potatura e nella gestione della crescita delle piante. L'innovazione continua è essenziale per adattarsi ai cambiamenti del mercato, alle sfide ambientali e alle nuove scoperte scientifiche che possono influenzare le pratiche di coltivazione idroponica.

Attraverso l'implementazione di queste strategie avanzate e l'adozione continua di nuove tecnologie e metodi, i coltivatori possono significativamente migliorare la gestione delle loro colture idroponiche, ottimizzando sia la resa che la qualità del raccolto mentre mantengono pratiche sostenibili e responsabili.

Uso di Feedback Biometrico delle Piante

Implementare tecniche avanzate per ottenere feedback biometrico diretto dalle piante, come sensori di flusso della linfa o analisi della conduttanza stomatica, può fornire indicazioni preziose sul benessere delle piante in tempo reale. Questi dati possono aiutare a determinare il momento ottimale per la potatura e altri interventi di gestione, basandosi sullo stato fisiologico attuale della pianta.

Analisi della Resilienza delle Piante

Concentrarsi sull'analisi della resilienza delle piante alle pratiche di potatura e manipolazione può aiutare a selezionare varietà più adatte o a modificare le tecniche di gestione per minimizzare lo stress e massimizzare la crescita. Monitorare come le piante si riprendono da vari livelli e stili di potatura può fornire insight su come migliorare le tecniche future.

Sviluppo di Protocolli di Micro-manipolazione

Sviluppare protocolli di micro-manipolazione per la gestione della crescita, che coinvolgono l'ajustamento di condizioni molto specifiche intorno a singole piante o gruppi di piante. Questo può includere la regolazione mirata della luce, nutrienti, o umidità per promuovere specifici tratti di crescita o per preparare le piante a successive fasi di potatura più intensive.

Integrazione di Approcci Agro-ecologici

Adottare un approccio agro-ecologico nella gestione della crescita, che considera l'intero sistema di coltivazione come un ecosistema. Questo può includere la promozione di una maggiore biodiversità all'interno dell'ambiente di coltivazione, l'uso di cover crops nelle vicinanze o all'interno dei sistemi idroponici, e l'integrazione di pratiche che migliorano la salute del suolo e l'equilibrio biologico.

Utilizzo di Droni e Tecnologia UAV

Utilizzare droni e altre tecnologie UAV (Unmanned Aerial Vehicle) per monitorare la crescita delle piante e l'efficacia delle pratiche di potatura dall'alto. Questi dispositivi possono fornire immagini dettagliate che aiutano a identificare problemi di crescita, aree di stress o risultati non uniformi delle pratiche di potatura attuali.

Promozione della Sinergia tra Piante

Esplorare le interazioni sinergiche tra diverse specie di piante che possono essere coltivate insieme in sistemi idroponici. Alcune piante possono esercitare effetti benefici su altre, come la potenziale riduzione di parassiti o malattie, o miglioramenti nella crescita complessiva attraverso effetti allelopatici o la condivisione di nutrienti.

Sviluppo di Sistemi di Risposta Rapida

Implementare sistemi di risposta rapida che possono essere attivati automaticamente quando vengono rilevate anomalie nel crescere delle piante. Questi sistemi possono comprendere interventi automatici come ajustamenti nell'irrigazione o nella fertirrigazione, o segnalazioni al personale tecnico per controlli e interventi manuali più dettagliati.

Applicazione di Principi di Permacultura

Integrare principi di permacultura che enfatizzano il design sostenibile e l'uso efficiente delle risorse naturali. Anche se tradizionalmente associata alla coltivazione in terra, la permacultura può ispirare pratiche innovative anche in idroponica, come l'ottimizzazione del flusso d'acqua, il riciclo di nutrienti, e la creazione di microclimi favorevoli all'interno di ambienti idroponici chiusi.

Valutazione Continua e Iterazione

Mantenere un processo continuo di valutazione e iterazione delle tecniche di potatura e gestione della crescita, analizzando i risultati e facendo ajustamenti basati sui feedback raccolti. Questo ciclo di miglioramento continuo aiuta a perfezionare le tecniche e a garantire che si adattino ai cambiamenti delle condizioni ambientali, alle esigenze delle piante e agli obiettivi di produzione.

Attraverso l'applicazione di queste tecniche avanzate, i coltivatori possono migliorare significativamente la gestione delle loro colture idroponiche, ottimizzando non solo la resa e la qualità ma anche contribuendo alla sostenibilità a lungo termine delle loro pratiche agricole. Queste strategie richiedono un impegno costante per l'apprendimento, l'adattamento e l'innovazione per rimanere efficaci in un ambiente agricolo in rapida evoluzione.

Concludendo, l'adozione di tecniche avanzate di potatura e gestione della crescita in sistemi idroponici è fondamentale per massimizzare la resa e la qualità del raccolto, migliorare la salute delle piante e ottimizzare l'uso delle risorse. Per ottenere questi risultati, è essenziale considerare una serie di strategie integrate e basate su principi scientifici, tecnologici e ecologici.

Sintesi delle Strategie Chiave per la Potatura e la Gestione della Crescita in Idroponica:

1. **Tecniche di Potatura Personalizzate**: Adattare le tecniche di potatura alle esigenze specifiche di ogni varietà di pianta e alle condizioni del sistema idroponico. Questo include potature di pulizia, formazione e produzione che non solo modellano la pianta ma ne ottimizzano anche la salute e la produttività.

2. **Uso di Tecnologia Avanzata**: Implementare tecnologie avanzate come sensori, droni e sistemi di imaging per monitorare la crescita, identificare i bisogni di potatura e gestire in modo proattivo la salute delle piante. L'utilizzo di AI e analisi predittiva

può migliorare ulteriormente la precisione di questi interventi.

3. **Gestione Olistica dell'Ambiente**: Controllare attentamente l'ambiente di crescita per supportare le pratiche di potatura, incluse la regolazione del clima, l'illuminazione adeguata, e il mantenimento di un equilibrio nutrizionale ottimale attraverso sistemi di fertirrigazione avanzati.

4. **Integrazione di Pratiche Sostenibili**: Adottare un approccio ecocompatibile e sostenibile integrando principi di permacultura, utilizzando materiali biodegradabili e promuovendo la biodiversità all'interno dell'ambiente di coltivazione.

5. **Formazione Continua e Collaborazione**: Mantenere il personale aggiornato sulle ultime ricerche e tecnologie e collaborare con esperti e istituzioni per continuare a innovare e migliorare le pratiche di potatura e gestione della crescita.

6. **Analisi e Feedback Continui**: Implementare un sistema di feedback continuo che valuta l'efficacia delle tecniche adottate e le modifica in base ai risultati ottenuti e alle nuove scoperte. Questo ciclo di valutazione e aggiustamento assicura che le pratiche rimangano all'avanguardia e siano sempre adattate alle condizioni attuali e future.

7. **Focus sulla Resilienza delle Piante**: Promuovere la resilienza attraverso la selezione di varietà adatte e l'uso di regimi di stress controllato per indurre una maggiore resistenza a malattie e parassiti, riducendo così la dipendenza da interventi chimici.

8. **Valutazione dell'Impatto Ambientale**: Monitorare continuamente l'impatto ambientale delle pratiche adottate per garantire che l'operazione idroponica non solo sia produttiva ma anche responsabile dal punto di vista ecologico.

In conclusione, una gestione efficace della potatura e della crescita delle piante in sistemi idroponici richiede un approccio ben arrotondato che integri innovazione tecnologica, comprensione ecologica e pratiche agronomiche solide. Attraverso la continua ricerca, l'adattamento e l'applicazione di queste strategie, i coltivatori possono non solo migliorare la quantità e la qualità del loro raccolto ma anche contribuire alla sostenibilità a lungo termine delle loro operazioni di coltivazione.

12. Ricircolo delle soluzioni nutritive - Strategie per il riutilizzo efficace delle soluzioni per minimizzare sprechi e costi.

Il ricircolo delle soluzioni nutritive in sistemi idroponici rappresenta una strategia efficace per ridurre sprechi e costi, garantendo al contempo che le piante ricevano il nutrimento necessario per una crescita ottimale. Implementare un sistema di ricircolo ben gestito richiede attenzione a diversi aspetti cruciali che assicurano l'efficienza e la sostenibilità del processo.

Strategie Chiave per il Ricircolo Efficace delle Soluzioni Nutritive:

1. **Monitoraggio Costante della Qualità della Soluzione**: È fondamentale monitorare costantemente la composizione chimica della soluzione nutritiva ricircolata. I parametri chiave da monitorare includono il pH, la conducibilità elettrica (EC), e i livelli specifici di nutrienti essenziali come azoto, fosforo e potassio. Strumenti come i conduttimetri e i pHmetri devono essere utilizzati regolarmente per assicurare che la soluzione mantenga un equilibrio ottimale per la crescita delle piante.

2. **Sistemi di Filtrazione**: Implementare sistemi di filtrazione robusti per rimuovere impurità, particelle sospese e agenti patogeni dalla soluzione nutritiva.

Filtri meccanici, a carbone attivo o biologici possono essere utilizzati per pulire la soluzione prima che venga reimmessa nel sistema. Questo non solo previene la diffusione di malattie ma anche mantiene alta la qualità della soluzione.

3. **Ajustamento e Reintegrazione dei Nutrienti**: Dopo il ricircolo, è vitale ajustare la concentrazione dei nutrienti nella soluzione. A seconda dei dati raccolti dal monitoraggio, potrebbe essere necessario aggiungere nutrienti specifici per compensare quelli assorbiti dalle piante. Questo assicura che ogni batch di soluzione ricircolata sia bilanciato e ricco dei nutrienti necessari per la crescita delle piante.

4. **Gestione del pH**: Mantenere il pH della soluzione nutritiva entro un intervallo ottimale è cruciale per l'assorbimento efficace dei nutrienti da parte delle piante. Il pH deve essere regolarmente ajustato utilizzando soluzioni tampone per assicurare che rimanga nel range desiderato.

5. **Uso di Tecnologie di Disinfezione**: L'uso di tecnologie come l'ozonizzazione o la sterilizzazione UV può essere efficace per eliminare patogeni dalla soluzione nutritiva senza alterarne la composizione chimica. Questo passo è essenziale per prevenire la diffusione di malattie nel sistema idroponico.

6. **Automazione del Sistema di Ricircolo**: Automatizzare il processo di ricircolo può aumentare l'efficienza e

ridurre il lavoro manuale. Sistemi automatizzati possono controllare e ajustare continuamente il pH, la EC, e la temperatura della soluzione nutritiva, oltre a reintegrare i nutrienti quando necessario.

7. **Pratiche di Conservazione dell'Acqua**: Dato che l'acqua è una componente chiave della soluzione nutritiva, implementare pratiche che promuovono la conservazione dell'acqua può ridurre significativamente i costi e l'impatto ambientale. Tecniche come la raccolta dell'acqua piovana o il trattamento e il riutilizzo delle acque grigie possono essere integrate nel sistema idroponico.

8. **Valutazione Periodica dell'Efficienza del Sistema**: Conduire valutazioni periodiche del sistema di ricircolo per identificare aree di miglioramento e ottimizzare le operazioni. Queste valutazioni possono includere analisi dei costi, valutazioni dell'impatto ambientale e revisioni della salute delle piante.

9. **Formazione Continua del Personale**: Assicurarsi che il personale sia ben formato riguardo le migliori pratiche per la gestione e il mantenimento del sistema di ricircolo. La formazione continua può aiutare a prevenire errori che potrebbero compromettere la qualità della soluzione o l'efficienza del sistema.

Conclusione

Implementare un sistema efficace di ricircolo delle soluzioni nutritive in idroponica non solo minimizza sprechi e riduce costi, ma contribuisce anche alla sostenibilità ambientale dell'operazione agricola. Attraverso il monitoraggio rigoroso, la gestione attenta dei nutrienti e l'utilizzo di tecnologie avanzate, i coltivatori possono assicurare che le loro piante ricevano l'alimentazione ottimale necessaria per una crescita sana e produttiva.

Integrazione di Sensori Intelligenti

L'uso di sensori intelligenti per monitorare la qualità dell'acqua e la concentrazione di nutrienti in tempo reale rappresenta un avanzamento significativo nella gestione del ricircolo delle soluzioni nutritive. Questi sensori possono rilevare variazioni minime nei parametri chiave e inviare dati in tempo reale ai sistemi di controllo, che possono ajustare automaticamente le soluzioni per mantenere l'equilibrio ottimale. L'integrazione di questa tecnologia non solo migliora la precisione del dosaggio dei nutrienti ma riduce anche il rischio di squilibri che potrebbero danneggiare le piante.

Sviluppo di Algoritmi Predittivi

Implementare algoritmi predittivi che elaborano i dati raccolti dai sensori per prevedere le future esigenze nutritive delle piante può ottimizzare ulteriormente l'uso delle soluzioni ricircolate. Questi algoritmi possono indicare quando è necessario aggiungere specifici nutrienti in base ai modelli di assorbimento delle piante, riducendo al minimo gli sprechi e migliorando l'efficienza della crescita.

Utilizzo di Reti di Apprendimento Profondo

Le reti di apprendimento profondo possono essere addestrate per analizzare complessi set di dati ambientali e di crescita per ottimizzare il processo di ricircolo. Queste tecnologie AI possono identificare schemi non evidenti all'osservazione umana, permettendo agli operatori di prevenire problemi prima che influenzino negativamente le piante, come squilibri nutritivi che potrebbero non essere immediatamente rilevabili.

Implementazione di Sistemi di Recupero Energetico

Incorporare sistemi di recupero energetico che utilizzano il calore generato dai sistemi idroponici per riscaldare o raffreddare le soluzioni nutritive può aumentare l'efficienza energetica dell'intero sistema di ricircolo. Questa pratica non solo riduce i costi energetici ma assicura anche che la temperatura della soluzione nutritiva sia ottimale per la crescita delle piante.

Protocolli di Sanificazione Avanzata

Adottare protocolli di sanificazione avanzata per le soluzioni nutritive ricircolate, utilizzando metodi come l'irradiazione UV o l'elettrolisi, può garantire che la soluzione sia libera da patogeni senza l'uso di prodotti chimici nocivi. Questi metodi di trattamento possono estendere la vita utile della soluzione nutritiva e ridurre la frequenza con cui deve essere completamente sostituita.

Strategie di Modularità

Progettare sistemi di ricircolo modulari che possono essere facilmente espansi o modificati può permettere una maggiore flessibilità nell'adattamento alle esigenze specifiche di diversi tipi di piante o cambiamenti nella produzione. Questa modularità facilita anche la manutenzione e la scalabilità del sistema senza interrompere l'intera operazione.

Feedback Loop per il Miglioramento Continuo

Creare un feedback loop in cui i dati raccolti vengono costantemente analizzati per migliorare le pratiche di ricircolo. Questo processo può includere la raccolta di feedback dal personale, l'analisi di performance del sistema e l'aggiustamento delle pratiche basate sui risultati ottenuti per garantire che il sistema di ricircolo operi alla sua massima efficacia.

Educazione e Formazione del Personale

Fornire formazione continua al personale sulle ultime innovazioni e migliori pratiche nel ricircolo delle soluzioni nutritive può aiutare a mantenere il sistema efficiente e produttivo. La formazione dovrebbe coprire aspetti tecnici, come il funzionamento dei sensori e dei sistemi di controllo, e pratiche di gestione, come il monitoraggio della qualità delle soluzioni e l'ajustamento dei nutrienti.

Collaborazione Industriale e Accademica

Favorire la collaborazione tra operatori idroponici, ricercatori accademici e fornitori di tecnologia può portare a innovazioni significative nel ricircolo delle soluzioni nutritive. Queste collaborazioni possono aiutare a sviluppare nuove soluzioni, migliorare le tecnologie esistenti e ottimizzare le pratiche di gestione per il massimo beneficio.

Adottando queste strategie, i coltivatori possono non solo migliorare l'efficacia e l'efficienza del ricircolo delle soluzioni nutritive ma anche promuovere una produzione più sostenibile e responsabile, riducendo gli sprechi e massimizzando la resa delle loro colture idroponiche.

Approcci Personalizzati per Diverse Colture

Adottare approcci personalizzati per il ricircolo delle soluzioni nutritive in base alle specifiche esigenze delle diverse colture può ottimizzare l'efficienza e l'efficacia del sistema. Alcune piante potrebbero richiedere livelli più elevati di specifici nutrienti e un pH diverso rispetto ad altre. Modulare la composizione della soluzione nutritiva per adattarsi alle fasi di crescita specifiche può quindi massimizzare la salute delle piante e la resa del raccolto.

Tecniche di Bilanciamento Dinamico

Sviluppare e implementare tecniche di bilanciamento dinamico delle soluzioni nutritive che possono ajustare automaticamente la composizione chimica in tempo reale in risposta ai feedback dei sensori. Questo sistema dinamico può rilevare e correggere gli squilibri prima che possano influire negativamente sulla crescita delle piante, garantendo che la soluzione nutritiva sia sempre ottimale.

Analisi di Lifecycle della Soluzione

Condurre analisi complete del ciclo di vita della soluzione nutritiva per comprendere meglio come e quando i nutrienti vengono assorbiti, degradati o persi. Questo tipo di analisi può aiutare a identificare opportunità per ottimizzare l'uso dei nutrienti e ridurre gli sprechi, per esempio tramite la rigenerazione di certi componenti della soluzione.

Sistemi di Gestione dei Residui

Implementare sistemi di gestione dei residui che recuperano nutrienti dalle soluzioni esaurite o dal deflusso delle piante. Questi sistemi possono includere tecniche di precipitazione chimica, estrazione, o altri metodi di purificazione che permettono il recupero e la reincorporazione di nutrienti preziosi nelle nuove soluzioni nutritive.

Monitoraggio Ecologico

Integrare un monitoraggio ecologico continuo per valutare l'impato ambientale del ricircolo delle soluzioni nutritive. Questo può includere la valutazione dell'impronta idrica, l'analisi dell'efficienza energetica dei sistemi di pompaggio e filtraggio, e l'osservazione degli effetti a lungo termine sul suolo e sulla qualità dell'acqua locale.

Standardizzazione dei Processi

Lavorare verso la standardizzazione dei processi di ricircolo delle soluzioni nutritive per garantire coerenza e affidabilità attraverso diversi cicli di coltivazione e sistemi operativi. Questo può aiutare a ridurre la variabilità nella qualità delle piante e a semplificare la formazione per il nuovo personale.

Uso di Indicatori Biologici

Esplorare l'uso di indicatori biologici per monitorare la salute delle soluzioni nutritive. Per esempio, l'introduzione di specie vegetali o algali che reagiscono visibilmente a specifici squilibri nutritivi può fornire un sistema di allarme precoce naturale e visivamente intuitivo per i coltivatori.

Innovazione nel Trattamento delle Acque

Innovare nei trattamenti delle acque usate per migliorare la qualità della soluzione ricircolata. Tecniche avanzate come l'osmosi inversa, la distillazione a membrana o l'adsorbimento possono essere utilizzate per rimuovere contaminanti specifici o per riconcentrare soluzioni troppo diluite.

Programmi di Ricerca Collaborativa

Promuovere programmi di ricerca collaborativa tra università, centri di ricerca, e aziende agricole per sviluppare nuove tecnologie e strategie per il ricircolo delle soluzioni nutritive. Questi programmi possono anche testare l'efficacia di nuovi composti nutritivi e di sistemi di ricircolo su scala pilota prima della loro implementazione su larga scala.

Educazione Comunitaria e Condivisione delle Conoscenze

Infine, impegnarsi in iniziative di educazione comunitaria e condivisione delle conoscenze per diffondere le migliori pratiche di ricircolo delle soluzioni nutritive. Workshop, seminari online, e pubblicazioni possono aiutare a sensibilizzare sulla sostenibilità in idroponica e a promuovere tecniche di ricircolo efficaci e rispettose dell'ambiente.

Adottando e continuamente migliorando queste strategie, i coltivatori possono non solo ottimizzare l'uso delle soluzioni nutritive ma anche contribuire a un sistema di coltivazione più sostenibile e responsabile, riducendo l'impatto ambientale e aumentando l'efficienza operativa.

Concludendo, l'implementazione di un sistema efficace di ricircolo delle soluzioni nutritive in idroponica rappresenta un elemento cruciale per migliorare la sostenibilità, ridurre i costi operativi e minimizzare gli impatti ambientali. Una gestione attenta e strategica delle soluzioni nutritive può notevolmente aumentare l'efficienza delle risorse e la produttività delle colture.

Elementi Chiave per una Strategia di Ricircolo Efficace:

1. **Monitoraggio Costante**: L'uso di sensori e strumenti analitici per monitorare costantemente la qualità della soluzione nutritiva è essenziale. Il controllo del pH, della conducibilità elettrica (EC), e dei livelli di nutrienti specifici permette di ajustare rapidamente la composizione per mantenere un ambiente ottimale per la crescita delle piante.

2. **Sistemi di Filtrazione Avanzati**: Implementare sistemi di filtrazione robusti che rimuovano efficacemente impurità, particelle sospese, e agenti patogeni, è fondamentale per mantenere l'integrità della soluzione nutritiva e prevenire la trasmissione di malattie.

3. **Gestione e Ajustamento dei Nutrienti**: Il ricircolo richiede una precisa reintegrazione e ajustamento dei nutrienti consumati dalle piante. È importante bilanciare la soluzione per assicurare che tutti gli elementi nutritivi siano presenti nelle quantità richieste per una crescita ottimale.

4. **Controllo del pH e Disinfezione**: Mantenere il pH dentro un intervallo ottimale e utilizzare metodi di disinfezione come l'ozonizzazione o l'UV sono passaggi cruciali per garantire la salubrità della soluzione nutritiva.

5. **Automazione**: L'automazione del sistema di ricircolo, attraverso il controllo e la regolazione automatica dei nutrienti e del pH, aumenta l'efficienza, riduce gli errori umani e migliora la consistenza del raccolto.

6. **Pratiche di Conservazione dell'Acqua**: Integrare strategie per la conservazione dell'acqua, come la raccolta di acqua piovana e il riciclo di acque grigie, per ridurre il consumo di acqua e aumentare l'autosufficienza.

7. **Formazione e Educazione del Personale**: Assicurare che tutto il personale sia ben informato e formato sulle tecniche di ricircolo, gli ajustamenti necessari, e l'interpretazione dei dati dai sistemi di monitoraggio, è vitale per il successo dell'operazione.

8. **Valutazioni Periodiche e Aggiustamenti**: Condurre revisioni regolari del sistema per valutare l'efficacia del ricircolo e fare ajustamenti basati su feedback operativi, cambiamenti nelle pratiche agricole, o nuove scoperte tecnologiche.

9. **Collaborazioni e Ricerca**: Collaborare con istituti di ricerca, università e altri operatori del settore per condividere conoscenze, esplorare nuove tecnologie e migliorare continuamente le pratiche di ricircolo.

10. **Sostenibilità e Impatto Ambientale**: Monitorare e minimizzare l'impatto ambientale delle operazioni di ricircolo per garantire che le pratiche non solo

migliorino la produzione ma contribuiscano anche alla salute dell'ecosistema locale.

Adottando questi principi e strategie, i coltivatori possono ottimizzare il ricircolo delle soluzioni nutritive in modo da massimizzare la resa delle loro colture, ridurre i costi operativi e diminuire l'impatto ambientale delle loro pratiche agricole. Un sistema di ricircolo ben gestito rappresenta una pietra miliare verso una produzione idroponica più sostenibile e produttiva.

13. Analisi dei dati e miglioramento continuo - Uso di dati raccolti per affinare le pratiche e aumentare l'efficienza.

L'analisi dei dati e il miglioramento continuo sono fondamentali per l'ottimizzazione delle operazioni in idroponica. Utilizzando i dati raccolti da vari sensori e sistemi di monitoraggio, i coltivatori possono affinare le loro pratiche agricole, migliorare l'efficienza e aumentare la resa delle colture. Questo approccio basato sui dati permette di prendere decisioni informate e di adattarsi dinamicamente alle condizioni in evoluzione.

Elementi Chiave per l'Uso Efficace dei Dati nell'Idroponica:

1. **Raccolta dei Dati**: Implementare una vasta rete di sensori per raccogliere dati in tempo reale su variabili critiche come temperatura, umidità, pH, EC (conducibilità elettrica), livelli di nutrienti, e intensità luminosa. Questi dati devono essere raccolti in modo

continuo per fornire una panoramica dettagliata delle condizioni di crescita.

2. **Piattaforme di Gestione dei Dati**: Utilizzare piattaforme software avanzate per aggregare, memorizzare e analizzare i dati raccolti. Queste piattaforme dovrebbero permettere la visualizzazione dei dati in tempo reale e includere funzionalità per l'analisi storica, per identificare tendenze e pattern nei dati di crescita.

3. **Intelligenza Artificiale e Apprendimento Automatico**: Applicare algoritmi di intelligenza artificiale (AI) e machine learning per elaborare i dati e generare insight operativi. Questi algoritmi possono prevedere problemi futuri, come carenze di nutrienti o attacchi di malattie, e suggerire azioni preventive o correttive.

4. **Simulazioni e Modellazione**: Utilizzare modelli di simulazione per prevedere come variazioni nelle tecniche di coltivazione, come l'ajustamento del regime di illuminazione o dei livelli di nutrimento, potrebbero influenzare la crescita delle piante. Questi modelli aiutano a ottimizzare le condizioni di crescita senza rischiare effetti negativi sulle colture reali.

5. **Ottimizzazione Basata sui Dati**: Sfruttare i dati per ottimizzare continuamente le operazioni. Questo include l'ajustamento fine delle formulazioni

nutritive, la calibrazione dei cicli di irrigazione e l'ottimizzazione del clima all'interno dell'ambiente di crescita per massimizzare la resa e la qualità delle piante.

6. **Feedback Continuo e Iterazione**: Implementare un sistema di feedback continuo dove le osservazioni e le misurazioni sono utilizzate per iterare e migliorare ciclicamente le pratiche. Questo ciclo di feedback dovrebbe essere integrato in tutti i livelli operativi, dalla gestione quotidiana alle decisioni strategiche.

7. **Formazione e Sviluppo del Personale**: Assicurare che il personale sia adeguatamente formato per interpretare e agire sui dati. Workshop, seminari e corsi di formazione continua possono aiutare a mantenere il personale aggiornato sulle ultime tecnologie e metodologie analitiche.

8. **Analisi Comparativa e Condivisione delle Conoscenze**: Collaborare con altre operazioni idroponiche per condividere dati e best practices. L'analisi comparativa può aiutare a stabilire benchmark di settore e a identificare opportunità di miglioramento basandosi sulle performance relative a quelle di impianti simili.

9. **Monitoraggio dell'Impatto Ambientale**: Utilizzare i dati per monitorare e ridurre l'impatto ambientale delle pratiche idroponiche. Questo può includere la

gestione efficiente delle risorse, la riduzione dei rifiuti e l'ottimizzazione dell'uso di energia e acqua.

10. **Valutazioni di Rischio Basate sui Dati**: Condurre valutazioni di rischio regolari utilizzando i dati raccolti per identificare potenziali vulnerabilità nelle operazioni e sviluppare strategie per mitigare tali rischi prima che possano manifestarsi in problemi concreti.

L'implementazione efficace di un sistema di analisi dei dati e miglioramento continuo permette non solo di affinare le pratiche di coltivazione in modo più scientifico e dettagliato ma anche di promuovere un'agricoltura più sostenibile e responsabile. Attraverso un uso oculato dei dati, i coltivatori possono ottimizzare le risorse, migliorare la sostenibilità delle loro operazioni e ottenere risultati superiori in termini di resa e qualità delle colture.

Integrare Soluzioni di Business Intelligence

Espandere l'uso di strumenti di business intelligence nel contesto idroponico per analizzare non solo i dati agronomici ma anche le metriche operative e finanziarie. Questo approccio consente ai coltivatori di vedere correlazioni tra pratiche di coltivazione e impatti economici, ottimizzando le decisioni basate sia su efficacia agronomica che su sostenibilità finanziaria.

Implementazione di Dashboard Personalizzate

Sviluppare dashboard personalizzate che presentano dati chiave in un formato facilmente interpretabile, consentendo ai coltivatori e ai manager di prendere decisioni rapide e informate. Queste dashboard possono mostrare real-time data su nutrienti, condizioni di crescita, resa attesa e allarmi per condizioni critiche che necessitano di intervento immediato.

Sensori Avanzati per il Monitoraggio della Pianta

Incorporare l'uso di sensori avanzati che possono rilevare non solo le condizioni ambientali ma anche parametri fisiologici diretti delle piante, come tassi di fotosintesi, stress idrico, e altri indicatori di salute della pianta. Questi dati possono aiutare a personalizzare ancora di più l'ambiente di coltivazione per massimizzare la salute e la produttività delle piante.

Tecniche di Visualizzazione dei Dati

Applicare tecniche avanzate di visualizzazione dei dati per interpretare grandi set di dati, facilitando la scoperta di pattern e tendenze che non sono immediatamente evidenti. Utilizzare mappe di calore, grafici temporali e visualizzazioni multidimensionali per rappresentare le interazioni complesse tra variabili di crescita.

Modelli Predittivi Dinamici

Sviluppare modelli predittivi dinamici che possono aggiustarsi automaticamente in base ai nuovi dati raccolti, migliorando continuamente la loro accuratezza e affidabilità. Questi modelli possono prevedere problemi futuri o opportunità di ottimizzazione prima che si manifestino, permettendo ai coltivatori di agire proattivamente.

Collaborazioni Data-driven

Estendere le collaborazioni data-driven con istituti di ricerca, università e altre aziende agricole per condividere dati e analisi. Queste partnership possono portare a nuove scoperte e all'adozione di migliori pratiche che possono essere validate attraverso analisi congiunte e sperimentazioni controllate.

Utilizzo di Dati per la Formulazione di Nutrienti

Utilizzare analisi dettagliate dei dati per perfezionare la formulazione dei nutrienti, assicurando che ogni elemento nutritivo sia fornito in proporzioni ottimali per le specifiche esigenze delle diverse varietà di piante in vari stadi di crescita. Questo approccio personalizzato può significativamente aumentare l'efficienza dell'uso dei nutrienti e ridurre il rischio di eutrofizzazione ambientale.

Feedback dei Clienti e Analisi di Mercato

Integrare il feedback dei clienti e l'analisi di mercato nei dati raccolti per allineare le pratiche di coltivazione con le preferenze del mercato e le tendenze di consumo. Questo può guidare decisioni riguardo quali colture produrre e quali innovazioni adottare per rispondere meglio alle esigenze del mercato.

Formazione Continua basata sui Dati

Organizzare sessioni di formazione continua per il personale basate sui dati raccolti, assicurando che tutti i membri del team siano informati sulle ultime tendenze, tecnologie e metodi di analisi dei dati. Questo non solo migliora l'efficienza operativa ma anche la capacità di ogni membro del team di contribuire attivamente al miglioramento continuo del processo.

Valutazione Continua dell'Impatto Ambientale

Mantenere una valutazione continua dell'impatto ambientale delle pratiche di coltivazione attraverso l'analisi dei dati raccolti per assicurare che le operazioni rimangano sostenibili. Questo include monitorare l'uso dell'acqua, l'efficienza dei nutrienti, l'energia consumata e i rifiuti generati, permettendo ajustamenti tempestivi che minimizzino l'impatto ambientale.

Adottando e integrando continuamente queste strategie avanzate basate sui dati, gli idrocoltivatori possono non solo affinare le loro pratiche per massimizzare l'efficienza e la resa ma anche contribuire significativamente alla sostenibilità ambientale e economica delle loro operazioni agricole.

Ottimizzazione dei Cicli di Feedback

Implementare cicli di feedback sofisticati dove i dati non solo vengono raccolti e analizzati, ma sono anche utilizzati per implementare automaticamente miglioramenti. Questi sistemi possono regolare le condizioni di crescita in tempo reale, basandosi su algoritmi che apprendono dai dati storici e correnti, assicurando che le piante ricevano sempre il trattamento più ottimale possibile.

Analisi di Sensibilità

Utilizzare analisi di sensibilità per determinare quali variabili hanno l'impatto più significativo sulla produttività e sulla salute delle piante. Questo tipo di analisi aiuta a identificare quali fattori meritano maggiore attenzione e risorse, ottimizzando gli investimenti in tecnologia e manodopera.

Sviluppo di Protocolli di Emergenza Data-Driven

Creare protocolli di emergenza basati sui dati per gestire rapidamente eventi inattesi come infestazioni di parassiti, malattie o guasti tecnici. Avere un sistema che può rapidamente interpretare i segnali di allarme e attivare una risposta coordinata può ridurre drasticamente i danni e stabilizzare l'ambiente di coltivazione con minime interruzioni.

Benchmarking Internazionale

Partecipare a iniziative di benchmarking internazionale per comparare l'efficienza e la produttività delle proprie pratiche con quelle di altre operazioni idroponiche nel mondo. Questo può offrire una prospettiva preziosa su come migliorare ulteriormente e implementare pratiche innovative che hanno dimostrato successo in altri contesti.

Applicazioni Mobili per il Monitoraggio

Sviluppare o integrare applicazioni mobili che permettono ai coltivatori di accedere ai dati e ai controlli del sistema idroponico da remoto. Queste app possono fornire notifiche in tempo reale, suggerimenti per l'ajustamento delle condizioni e accesso a dashboard analitiche, migliorando la flessibilità e la capacità di reazione dei coltivatori.

Utilizzo di Realità Aumentata

Esplorare l'uso di realtà aumentata per visualizzare dati e analisi direttamente nell'ambiente di coltivazione. Gli operatori possono usare visori AR per vedere informazioni sovrapposte alle aree fisiche di interesse, come indicazioni su livelli ottimali di nutrienti o avvisi di manutenzione, migliorando così l'efficienza e l'accuratezza delle operazioni quotidiane.

Integrazione di Modelli Eco-compatibili

Incorporare modelli di simulazione che considerano l'impatto ambientale delle varie tecniche di coltivazione, aiutando i coltivatori a scegliere le opzioni più sostenibili. Questi modelli possono analizzare scenari di uso dell'acqua, consumo energetico, utilizzo di fertilizzanti e produzione di rifiuti, fornendo una guida su come ridurre l'impronta ecologica complessiva.

Workshop di Co-innovazione

Organizzare workshop di co-innovazione che coinvolgano coltivatori, scienziati, tecnologi e altri stakeholder per esplorare nuove idee e tecnologie nel campo dell'idroponica. Questi incontri possono stimolare la condivisione di conoscenze e la generazione di soluzioni creative ai problemi comuni, accelerando il progresso tecnologico e operativo.

Implementazione di Strategie di Gestione del Rischio

Sviluppare strategie di gestione del rischio basate su analisi predittive per anticipare e mitigare i rischi finanziari, operativi e ambientali. Queste strategie possono guidare decisioni su assicurazioni, investimenti in tecnologia di sicurezza, e piani di continuità operativa in caso di disastri o altre interruzioni.

Ricerca e Sviluppo Continuo

Investire continuamente in ricerca e sviluppo per esplorare nuove metodologie, tecnologie e strumenti di analisi dati che possano portare a breakthrough nel campo dell'idroponica. Mantenere un impegno costante per l'innovazione può garantire che l'operazione rimanga competitiva e all'avanguardia.

Attraverso l'implementazione di queste strategie avanzate e l'integrazione continua di nuove tecnologie e dati, i coltivatori possono non solo affinare le loro pratiche per massimizzare l'efficienza e la produttività, ma anche migliorare la sostenibilità delle loro operazioni idroponiche. Questo approccio olistico e basato sui dati è essenziale per rispondere dinamicamente ai cambiamenti del mercato e alle sfide ambientali, garantendo successo e resilienza a lungo termine nell'agricoltura idroponica.

Approcci Dinamici nella Visualizzazione dei Dati

Esplorare ulteriori approcci dinamici nella visualizzazione dei dati, utilizzando strumenti avanzati che permettono di visualizzare cambiamenti in tempo reale e tendenze storiche attraverso dashboard interattive. Queste visualizzazioni possono aiutare a identificare immediatamente le aree che richiedono attenzione, migliorando la capacità di reazione rapida agli eventi inaspettati e consentendo aggiustamenti operativi proattivi.

Integrazione di Tecniche di Ottimizzazione Globale

Applicare tecniche di ottimizzazione globale che considerano l'intero sistema di produzione piuttosto che singoli componenti isolati. Utilizzare l'analisi dei dati per ottimizzare la distribuzione delle risorse, la programmazione della produzione e la gestione degli spazi, mirando a massimizzare l'efficienza complessiva e minimizzare i costi operativi.

Sviluppo di Algoritmi Personalizzati

Sviluppare algoritmi personalizzati che si adattano specificamente alle caratteristiche uniche dell'impianto idroponico del coltivatore. Questi algoritmi possono prendere in considerazione variabili locali come il clima, la qualità dell'acqua, e le specifiche delle varietà di piante coltivate per fornire raccomandazioni più precise e adatte al contesto specifico.

Approfondimenti Comportamentali delle Piante

Approfondire la comprensione del comportamento delle piante attraverso l'analisi comportamentale dei dati, studiando come le piante reagiscono a vari stress ambientali e interventi di gestione. Questi dati possono aiutare a sviluppare tecniche di coltivazione più attente e mirate che migliorano il benessere delle piante e ottimizzano la resa.

Collaborazione Transdisciplinare

Favorire la collaborazione transdisciplinare che unisce esperti di botanica, ingegneria, informatica e analisi dei dati. Questo approccio consente di approfondire l'analisi dei dati e integrare diverse prospettive e competenze per innovare e risolvere problemi complessi nell'idroponica.

Analisi Predittiva per la Gestione delle Risorse

Utilizzare l'analisi predittiva per una gestione più efficiente delle risorse, come l'acqua e i nutrienti. Prevedere i periodi di maggiore necessità o i rischi di deficit permette di prepararsi adeguatamente e evitare sprechi, garantendo che le risorse siano utilizzate nel modo più efficace possibile.

Formazione Basata su Simulazioni

Implementare programmi di formazione basati su simulazioni che utilizzano dati reali per creare scenari virtuali. Questi programmi possono aiutare il personale a comprendere meglio come reagire a diverse situazioni di coltivazione, migliorando la preparazione e la competenza nella gestione quotidiana dell'idroponica.

Integrazione Verticale dei Dati

Promuovere un'approccio di integrazione verticale dei dati, assicurando che le informazioni raccolte a ogni livello del processo idroponico siano facilmente accessibili e utilizzabili da tutti i livelli decisionali. Questo facilita una maggiore coesione e sinergia tra le operazioni di coltivazione, la gestione, e la strategia aziendale.

Uso di Dati per la Sostenibilità Ambientale

Integrare l'uso dei dati nella promozione della sostenibilità ambientale, monitorando l'impatto delle pratiche di coltivazione sull'ambiente e adottando strategie che minimizzano le emissioni, il consumo di risorse non rinnovabili e la produzione di rifiuti. Questo non solo aiuta a proteggere l'ambiente ma può anche migliorare l'immagine pubblica e la conformità normativa dell'operazione idroponica.

Valutazioni Continuative del Rischio Basate sui Dati

Condurre valutazioni continuative del rischio basate sui dati per identificare potenziali vulnerabilità nelle infrastrutture, nei processi o nelle supply chain. Questi dati possono guidare lo sviluppo di piani di mitigazione del rischio e strategie di risposta alle emergenze, rafforzando la resilienza dell'operazione idroponica a lungo termine.

Adottando e raffinando continuamente queste pratiche basate sui dati, gli idrocoltivatori possono non solo massimizzare l'efficienza e l'efficacia delle loro operazioni ma anche contribuire a una produzione più innovativa, responsabile e sostenibile nel campo dell'agricoltura moderna.

Concludendo, l'analisi dei dati e il miglioramento continuo sono essenziali per ottimizzare le pratiche di coltivazione idroponica, aumentare l'efficienza operativa e migliorare la resa delle colture. L'uso efficace dei dati raccolti permette ai coltivatori di prendere decisioni informate, prevedere problemi futuri e adeguare le loro strategie in modo proattivo.

Strategie Finali per l'Analisi dei Dati e il Miglioramento Continuo:

1. **Implementazione di Strumenti di Analisi Avanzati**: L'adozione di strumenti di analisi avanzati è fondamentale per trasformare grandi volumi di dati grezzi in informazioni utili. Questi strumenti possono includere software di analisi predittiva, sistemi di gestione dei dati, e piattaforme di visualizzazione che aiutano a identificare tendenze, pattern e anomalie nei dati di coltivazione.

2. **Ottimizzazione Basata sui Dati**: Utilizzare i dati per ottimizzare continuamente ogni aspetto dell'operazione idroponica, dalla gestione dell'acqua e dei nutrienti fino al controllo delle condizioni ambientali e della salute delle piante. Questo approccio permette di affinare le tecniche di coltivazione e di aumentare la produttività riducendo al contempo gli sprechi.

3. **Feedback e Iterazione Continui**: Stabilire un processo di feedback continuo, in cui i dati raccolti vengono

regolarmente analizzati e utilizzati per fare ajustamenti iterativi. Questo ciclo di feedback consente di affinare le strategie in tempo reale e di adattare le operazioni alle condizioni mutevoli e alle nuove scoperte.

4. **Formazione e Sviluppo del Personale**: Assicurarsi che tutto il personale sia adeguatamente formato per comprendere e utilizzare i dati raccolti. Offrire formazione continua sulle ultime tecnologie e pratiche di analisi dei dati per mantenere il personale aggiornato e competente nell'uso di questi strumenti.

5. **Sviluppo di Partenariati Strategici**: Collaborare con università, centri di ricerca, e altre aziende del settore per condividere conoscenze, risorse e dati. Questi partenariati possono accelerare l'innovazione, migliorare le pratiche di coltivazione e contribuire a standard più elevati di sostenibilità e produttività.

6. **Valutazione dell'Impatto Ambientale e Sociale**: Utilizzare i dati per monitorare e minimizzare l'impatto ambientale delle pratiche idroponiche. Questo include la gestione sostenibile delle risorse, la riduzione delle emissioni e la promozione di pratiche ecologicamente responsabili che possono migliorare l'immagine pubblica e soddisfare le aspettative dei consumatori.

7. **Miglioramento della Resilienza Operativa**: Analizzare i dati per migliorare la resilienza dell'operazione

idroponica agli shock esterni, come cambiamenti climatici, interruzioni della supply chain o crisi economiche. Preparare piani di contingenza basati su solidi dati analitici per garantire la continuità operativa in scenari avversi.

8. **Innovazione Tecnologica Continua**: Investire in ricerca e sviluppo per esplorare nuove tecnologie e approcci nel campo dell'analisi dei dati. L'adozione di nuove soluzioni tecnologiche può portare a significativi miglioramenti nelle pratiche di coltivazione, riduzione dei costi e aumento delle efficienze.

Adottando questi principi e continuando a evolvere e adattarsi basandosi sull'analisi dei dati, gli idrocoltivatori possono non solo affrontare le sfide correnti ma anche anticipare le future tendenze e opportunità, garantendo il successo a lungo termine e la sostenibilità delle loro operazioni idroponiche. Questo approccio integrato e basato sui dati è essenziale per navigare l'evoluzione continua del settore agricolo e per mantenere una posizione competitiva nel mercato globale.

14. Sostenibilità e impatto ambientale - Approfondimento sugli aspetti sostenibili dell'idroponica e come minimizzare l'impronta ecologica.

L'idroponica, con la sua capacità di produrre colture in ambienti controllati senza suolo, offre molteplici vantaggi in termini di sostenibilità e impatto ambientale. Tuttavia, è fondamentale attuare strategie specifiche per massimizzare questi benefici e minimizzare l'impronta ecologica associata a questa tecnologia. Di seguito, esploreremo approfonditamente gli aspetti sostenibili dell'idroponica e le strategie per ottimizzarli.

Uso Efficiente dell'Acqua

L'idroponica si distingue per l'efficienza nell'uso dell'acqua. Utilizzando fino al 90% di acqua in meno rispetto all'agricoltura tradizionale in suolo, l'idroponica può giocare un ruolo cruciale in zone dove l'acqua è scarsa. Implementare sistemi di ricircolo dell'acqua che filtrano e riutilizzano le soluzioni nutritive è essenziale per ridurre ulteriormente il consumo di acqua. L'adozione di sensori per monitorare l'umidità e ottimizzare l'irrigazione può prevenire sprechi, garantendo che le piante ricevano esattamente la quantità di acqua di cui hanno bisogno.

Riduzione dell'Uso di Pesticidi

Un altro vantaggio significativo dell'idroponica è la riduzione dell'uso di pesticidi. Crescendo in un ambiente controllato, le piante idroponiche sono generalmente meno suscettibili agli attacchi di parassiti e malattie, riducendo la necessità di pesticidi chimici. Per migliorare ulteriormente questa pratica, si possono integrare metodi di controllo biologico dei parassiti, come l'introduzione di nemici naturali dei parassiti, e utilizzare trattamenti organici o biologici quando necessario.

Minimizzazione dell'Impatto su Terreno e Biodiversità

L'agricoltura idroponica non richiede l'aratura o altre forme di disturbo del suolo, preservando così la struttura del terreno e la biodiversità nei terreni naturali. Per le operazioni su larga scala, l'idroponica può essere integrata in ambienti urbani o in edifici non utilizzati, come i tetti o gli spazi industriali dismessi, riducendo la pressione sulle terre agricole e contribuendo al raffreddamento urbano e alla riduzione dell'isola di calore.

Gestione dei Nutrienti

La gestione efficace dei nutrienti è cruciale per prevenire la contaminazione delle acque superficiali e sotterranee. Utilizzando sistemi chiusi che ricircolano i nutrienti, l'idroponica minimizza il deflusso e le perdite. La precisione nell'apporto nutritivo, assistita da sensori e sistemi automatizzati, garantisce che le piante assorbano i nutrienti più efficacemente, riducendo l'eccesso che potrebbe altrimenti causare eutrofizzazione.

Riduzione delle Emissioni di Carbonio

Le pratiche idroponiche possono contribuire a ridurre l'impronta di carbonio dell'agricoltura attraverso la diminuzione del trasporto di prodotti alimentari. Collocando le operazioni idroponiche vicino ai centri urbani, si riducono le distanze di trasporto e, di conseguenza, le emissioni associate. Inoltre, l'uso efficiente dell'energia attraverso l'adozione di energie rinnovabili, come solare o eolica, può ridurre ulteriormente le emissioni di gas serra.

Riciclo e Gestione dei Rifiuti

Nell'idroponica, è fondamentale attuare pratiche di riciclo e gestione responsabile dei rifiuti. Ciò include il riciclo della soluzione nutritiva, l'uso di materiali riciclabili o biodegradabili per i supporti di crescita e il compostaggio dei residui vegetali. Queste pratiche non solo riducono l'impatto ambientale ma anche migliorano la sostenibilità complessiva delle operazioni.

Innovazione Continua

Infine, l'investimento continuo in ricerca e sviluppo è vitale per migliorare ulteriormente la sostenibilità dell'idroponica. Esplorare nuove tecnologie, materiali più sostenibili e metodi innovativi può portare a miglioramenti significativi nelle pratiche esistenti, riducendo l'impatto ambientale e aumentando l'efficienza delle risorse.

In conclusione, l'idroponica offre molteplici opportunità per un'agricoltura più sostenibile, ma richiede un impegno attento nella gestione delle risorse e nell'innovazione continua per massimizzare questi benefici. Attraverso l'implementazione di strategie mirate e responsabili, l'idroponica può contribuire significativamente a un futuro agricolo più sostenibile e meno impattante sull'ambiente.

Utilizzo di Tecnologie di Monitoraggio Avanzate

L'adozione di tecnologie di monitoraggio avanzate può fornire dati cruciali per ottimizzare l'uso delle risorse e minimizzare gli impatti ambientali nell'idroponica. Sensori di ultima generazione possono tracciare l'uso dell'acqua, il consumo energetico, l'assorbimento dei nutrienti e le emissioni di gas serra, permettendo agli idrocoltivatori di intervenire rapidamente per ridurre sprechi e inefficienze.

Miglioramento della Catena del Freddo

Investire nel miglioramento della catena del freddo per i prodotti idroponici può ridurre significativamente lo spreco alimentare. Sviluppare soluzioni logistiche che mantengano i prodotti freschi durante il trasporto e fino al consumatore finale è fondamentale per mantenere alta la qualità e ridurre la decomposizione, che è spesso una grande fonte di impatto ambientale nell'agricoltura.

Sistemi di Energia Rinnovabile

Integrare sistemi di energia rinnovabile, come pannelli solari o turbine eoliche, nelle operazioni idroponiche può ridurre drasticamente la dipendenza da combustibili fossili e diminuire le emissioni di carbonio. L'energia rinnovabile può alimentare tutto, dai sistemi di illuminazione ai sistemi di pompaggio e controllo climatico, rendendo l'operazione più verde e sostenibile.

Biocontrolli e Metodi Naturali

Espandere l'uso di biocontrolli e metodi naturali per la gestione dei parassiti e delle malattie può eliminare la necessità di pesticidi chimici, che spesso hanno effetti nocivi sull'ambiente. L'introduzione di predatori naturali, l'uso di estratti vegetali o l'implementazione di tecniche di agricoltura integrata sono esempi di come si possono proteggere le colture in modo ecocompatibile.

Tecniche di Coltivazione Verticale

Sfruttare tecniche di coltivazione verticale consente di massimizzare l'uso dello spazio e aumentare la produzione senza espandere l'area di terreno utilizzata. Questo non solo aumenta l'efficienza ma riduce anche il deflusso di nutrienti e l'erosione del suolo, contribuendo a preservare gli ecosistemi naturali.

Analisi del Ciclo di Vita

Condurre regolari analisi del ciclo di vita dei sistemi idroponici e dei prodotti coltivati può aiutare a identificare le fasi del processo che hanno maggior impatto ambientale. Queste analisi possono guidare le decisioni su dove focalizzare gli sforzi di riduzione dell'impronta ecologica, sia nella produzione sia nei processi logistici.

Educazione e Coinvolgimento della Comunità

Educare e coinvolgere la comunità locale nei benefici e nelle pratiche sostenibili dell'idroponica può aumentare il supporto per questi sistemi di coltivazione e promuovere comportamenti sostenibili più ampi. Workshop, visite guidate e programmi scolastici possono sensibilizzare sulla sostenibilità e sugli impatti ambientali dell'agricoltura moderna.

Certificazioni Sostenibili

Ottenere certificazioni per sostenibilità, come quelle per l'agricoltura biologica o il commercio equo e solidale, può non solo migliorare l'immagine del marchio ma anche assicurare ai consumatori che i prodotti sono stati coltivati con metodi che rispettano l'ambiente. Questo può aumentare la fiducia del consumatore e incentivare pratiche più sostenibili all'interno dell'industria.

Sviluppo di Nuovi Materiali Sostenibili

Ricercare e sviluppare nuovi materiali sostenibili per l'uso nei sistemi idroponici, come substrati biodegradabili o riciclabili e nutrienti derivati da fonti sostenibili. Questi materiali possono ridurre l'impatto ambientale associato alla produzione di supporti di crescita e soluzioni nutritive, diminuendo la dipendenza da risorse non rinnovabili.

Continua Innovazione e Adattamento

Mantenere un impegno costante verso l'innovazione e l'adattamento delle pratiche idroponiche per incorporare le ultime scoperte scientifiche e le migliori tecnologie disponibili. Questo non solo può migliorare l'efficacia e la sostenibilità delle operazioni idroponiche ma anche assicurare che l'industria rimanga resiliente di fronte ai cambiamenti climatici e alle sfide ambientali future.

Implementando queste strategie, le operazioni idroponiche possono non solo minimizzare il loro impatto ambientale ma anche diventare leader nell'agricoltura sostenibile, contribuendo significativamente alla conservazione delle risorse naturali e alla protezione degli ecosistemi.

Utilizzo di Tecnologie IoT per il Monitoraggio Energetico

Integrare tecnologie IoT (Internet of Things) per monitorare e ottimizzare il consumo energetico nei sistemi idroponici. Sensori intelligenti possono rilevare e analizzare il consumo di energia in tempo reale, permettendo ai coltivatori di identificare rapidamente aree di inefficienza e di intervenire per ridurre il consumo energetico. Questo approccio supporta l'uso responsabile delle risorse e contribuisce alla riduzione delle emissioni di carbonio.

Sviluppo di Politiche di Sostenibilità Interna

Creare e implementare politiche di sostenibilità interna che governano tutte le operazioni dell'azienda idroponica. Queste politiche possono includere obiettivi di riduzione dei rifiuti, linee guida per il riciclo, parametri per l'acquisto di materiali sostenibili e strategie per ridurre l'impronta idrica e carbonica. Avere politiche chiare aiuta a mantenere un impegno costante verso la sostenibilità e fornisce una struttura per l'implementazione di pratiche eco-compatibili.

Collaborazioni per la Ricerca Ambientale

Stabilire collaborazioni con università e istituti di ricerca per sviluppare nuove tecnologie e pratiche che possano ridurre ulteriormente l'impatto ambientale dell'idroponica. Queste collaborazioni possono anche aiutare a validare l'efficacia delle pratiche sostenibili e a promuovere l'adozione di standard ambientali più elevati nell'industria.

Impiego di Analitica Avanzata per la Gestione delle Risorse

Adottare sistemi di analitica avanzata per una gestione più accurata e efficiente delle risorse idriche e nutritive. Questi sistemi possono prevedere le esigenze delle piante in base a modelli di crescita storici e condizioni ambientali attuali, minimizzando gli sprechi e assicurando che le risorse siano utilizzate nel modo più efficace possibile.

Iniziative di Reforestazione e Compensazione del Carbonio

Lanciare iniziative di riforestazione o altri progetti di compensazione del carbonio per bilanciare le emissioni generate dalle operazioni idroponiche. Questi progetti non solo aiutano a mitigare l'impatto ambientale dell'azienda ma possono anche migliorare la biodiversità locale e promuovere la conservazione degli habitat naturali.

Promozione della Biodiversità nel Design Idroponico

Incorporare elementi che promuovano la biodiversità all'interno dei sistemi idroponici, come la creazione di zone verdi che supportano insetti impollinatori e altri animali benefici. Questo non solo contribuisce alla sostenibilità dell'ambiente locale ma migliora anche la resilienza delle piante aumentando la variabilità genetica e riducendo la dipendenza da controllo artificiale delle popolazioni di parassiti.

Valutazioni Periodiche di Sostenibilità

Condurre valutazioni periodiche di sostenibilità per monitorare l'efficacia delle strategie ambientali e identificare aree di miglioramento. Queste valutazioni dovrebbero essere complete e considerare tutti gli aspetti dell'operazione, dalla produzione al packaging, al trasporto e alla distribuzione.

Sviluppo di Prodotti Biodegradabili per l'Idroponica

Ricerca e sviluppo di prodotti biodegradabili specifici per l'idroponica, come supporti per le piante o capsule di nutrienti, che possono decomporsi naturalmente senza lasciare residui tossici nell'ambiente. Questo contribuisce a ridurre il ciclo di vita dei rifiuti generati dall'agricoltura idroponica.

Educazione Pubblica e Coinvolgimento

Organizzare campagne di educazione pubblica per informare i consumatori sui benefici ambientali dell'idroponica e sulle pratiche sostenibili adottate dall'azienda. Promuovere l'engagement del pubblico attraverso visite guidate, workshop e partnership con scuole e organizzazioni comunitarie per sensibilizzare e generare supporto per l'agricoltura sostenibile.

Misurazione dell'Impronta Ecologica

Utilizzare strumenti per misurare l'impronta ecologica complessiva dell'operazione idroponica, considerando non solo l'uso diretto delle risorse ma anche le emissioni indirette associate alla catena di approvvigionamento e al ciclo di vita del prodotto. Queste informazioni possono aiutare a identificare ulteriori opportunità di riduzione dell'impatto ambientale e di miglioramento delle pratiche di sostenibilità.

Adottando queste strategie, gli idrocoltivatori possono non solo ridurre l'impatto ambientale delle loro operazioni ma anche porsi come leader nell'agricoltura sostenibile, promuovendo pratiche che possono essere adottate su scala più ampia per benefici ambientali significativi.

Concludendo, l'idroponica rappresenta un modello di agricoltura sostenibile che, se gestito correttamente, può avere un impatto ambientale significativamente ridotto rispetto alle tecniche di coltivazione tradizionali. Tuttavia, per massimizzare i benefici e minimizzare l'impronta ecologica, è fondamentale adottare una serie di strategie specifiche e integrate.

Aspetti Fondamentali per Massimizzare la Sostenibilità in Idroponica:

1. **Efficienza delle Risorse**: Utilizzare tecnologie avanzate per monitorare e ottimizzare l'uso dell'acqua e dei nutrienti, minimizzando gli sprechi e garantendo che le risorse siano impiegate nel modo più efficiente possibile.

2. **Energia Rinnovabile**: Integrare fonti di energia rinnovabile, come il solare o l'eolico, per alimentare le operazioni idroponiche. Questo riduce la dipendenza dai combustibili fossili e minimizza le emissioni di gas serra.

3. **Riduzione dell'Uso di Pesticidi**: Adottare metodi di controllo biologico dei parassiti e utilizzare trattamenti organici per ridurre al minimo l'uso di pesticidi chimici, proteggendo così la salute dei consumatori e l'ambiente.

4. **Gestione dei Rifiuti e dei Materiali**: Sviluppare protocolli per il riciclaggio dei materiali usati e la gestione dei rifiuti organici attraverso compostaggio o altre forme di recupero. Questo aiuta a chiudere il ciclo dei nutrienti e riduce l'accumulo di rifiuti.

5. **Sviluppo Sostenibile**: Progettare e implementare sistemi idroponici che non solo massimizzano la produzione ma sono anche costruiti con materiali sostenibili e progettati per avere una lunga vita operativa con manutenzione minima.

6. **Monitoraggio Ambientale Continuo**: Implementare sistemi di monitoraggio continuo per valutare l'impatto ambientale delle pratiche idroponiche, permettendo aggiustamenti tempestivi per mitigare eventuali effetti negativi.

7. **Educazione e Coinvolgimento della Comunità**: Svolgere un ruolo attivo nella comunità educando il pubblico sui vantaggi della sostenibilità idroponica e promuovendo pratiche che possono essere adottate anche a livello individuale o locale.

8. **Ricerca e Collaborazione**: Collaborare con istituti di ricerca e altre aziende per esplorare nuove tecnologie e metodi che possano migliorare ulteriormente la sostenibilità delle pratiche idroponiche.

9. **Certificazioni Ambientali**: Ottenere certificazioni che attestino la sostenibilità delle operazioni idroponiche, come quelle per l'agricoltura biologica o la sostenibilità ambientale, che possono aumentare la fiducia dei consumatori e il valore del marchio.

10.**Analisi del Ciclo di Vita**: Condurre regolari analisi del ciclo di vita per comprendere e ridurre l'impatto ambientale complessivo dei prodotti idroponici, dalla produzione al consumatore finale.

Adottando queste strategie, i coltivatori idroponici non solo possono ridurre l'impronta ecologica delle loro operazioni ma possono anche dimostrare un impegno verso un futuro più sostenibile. Questo approccio non solo risponde alla crescente domanda dei consumatori per prodotti ecologicamente responsabili ma contribuisce anche alla necessaria transizione verso pratiche agricole che rispettino e preservino le risorse naturali del nostro pianeta.

15. Case study - Analisi di impianti idroponici di successo e lezioni apprese.

L'analisi di case study di impianti idroponici di successo può offrire spunti preziosi e lezioni apprese che possono guidare nuovi imprenditori e coltivatori esistenti nel migliorare le loro operazioni. Di seguito, esploreremo alcuni impianti idroponici notevoli, evidenziando le strategie che hanno contribuito al loro successo e le sfide che hanno dovuto affrontare.

Case Study 1: AeroFarms - Newark, New Jersey, USA

Descrizione: AeroFarms è uno dei leader mondiali nell'agricoltura verticale idroponica. Situato a Newark, New Jersey, questo impianto utilizza un sistema avanzato di aeroponica per coltivare verdure a foglia in un ambiente completamente controllato.

Strategie di Successo:

- **Tecnologia Innovativa**: AeroFarms ha sviluppato un sistema aeroponico brevettato che nebulizza le soluzioni nutritive direttamente sulle radici delle piante, riducendo l'uso dell'acqua del 95% rispetto all'agricoltura tradizionale.

- **Controllo Ambientale Rigoroso**: L'uso di LED specifici per la crescita delle piante permette di ottimizzare le condizioni di luce, migliorando la fotosintesi e riducendo il consumo energetico.

- **Data Analytics**: L'implementazione di sofisticati sistemi di raccolta dati e analisi permette di monitorare e ottimizzare ogni aspetto della crescita delle piante.

Lezioni Apprese:

- La gestione dell'ambiente di crescita è fondamentale per massimizzare la resa e garantire la qualità del raccolto.

- L'investimento in ricerca e sviluppo è essenziale per mantenere un vantaggio competitivo nell'agricoltura idroponica.

Case Study 2: Gotham Greens - Brooklyn, New York, USA

Descrizione: Gotham Greens è pioniere nell'agricoltura urbana, gestendo serre idroponiche sul tetto che producono insalate e erbe aromatiche. Queste strutture sono dislocate in diverse città degli Stati Uniti, inclusa una posizione emblematica a Brooklyn, New York.

Strategie di Successo:

- **Integrazione Urbana**: L'ubicazione delle serre sui tetti in aree urbane riduce significativamente i costi di trasporto e le emissioni associate, portando i prodotti freschi direttamente nei mercati locali.

- **Sostenibilità Energetica**: L'uso di energia rinnovabile e tecniche di raffreddamento passive riduce il consumo energetico e l'impronta carbonica dell'operazione.

- **Engagement della Comunità**: Gotham Greens pone una forte enfasi sul coinvolgimento della comunità locale, creando posti di lavoro e programmi educativi che sensibilizzano alla sostenibilità.

Lezioni Apprese:

- La prossimità ai mercati di consumo può significativamente ridurre i costi logistici e migliorare la freschezza del prodotto.

- L'importanza di un'immagine di marca forte e l'engagement della comunità sono cruciali per il successo commerciale nel settore dell'agricoltura urbana.

Case Study 3: Lufa Farms - Montreal, Canada

Descrizione: Lufa Farms costruisce e gestisce serre idroponiche sui tetti in Canada, concentrando i loro sforzi sulla produzione di verdure in un modo che rispetta l'ambiente e la comunità locale.

Strategie di Successo:

- **Modello CSA (Community Supported Agriculture)**: Lufa Farms utilizza un modello di agricoltura supportata dalla comunità, dove i consumatori si iscrivono per ricevere ceste settimanali di verdure fresche, garantendo una fonte di reddito stabile e prevedibile.

- **Riduzione degli Sprechi**: Implementano pratiche di riduzione degli sprechi, come il compostaggio in loco dei rifiuti organici e il riutilizzo dell'acqua.

Lezioni Apprese:

- Un modello di business orientato alla comunità può creare una forte lealtà del cliente e un supporto sostenibile.

- Le pratiche ecologiche e sostenibili non solo migliorano l'efficienza operativa ma rafforzano anche la reputazione aziendale.

Questi case study dimostrano che con le giuste strategie, l'idroponica può essere una forma di agricoltura altamente produttiva, sostenibile e benefica per le comunità. Le lezioni apprese da queste esperienze possono servire come guide preziose per altri imprenditori e coltivatori che cercano di ottimizzare le loro operazioni e ridurre il loro impatto ambientale.

Approfondimento nell'Utilizzo dei Dati per il Miglioramento Continuo

Enfasi sulla Telemetria: I leader nell'idroponica come Gotham Greens e AeroFarms utilizzano la telemetria avanzata per tracciare in tempo reale parametri critici che influenzano la crescita delle piante. L'implementazione di questi sistemi consente non solo di monitorare, ma anche di reagire dinamicamente alle minime fluttuazioni dell'ambiente, ottimizzando le condizioni di crescita in modo preciso e tempestivo.

Analisi Predittiva: Sfruttando l'analisi predittiva, gli impianti possono prevedere problemi prima che si manifestino, da carenze nutritive a potenziali infestazioni di parassiti. Questa proattività non solo riduce i costi associati al trattamento dei problemi ma migliora anche la salute generale delle colture, aumentando la qualità e la quantità del raccolto finale.

Sviluppo di Partnership Strategiche

Collaborazioni con Istituti di Ricerca: Imitando il modello di Lufa Farms, altre aziende idroponiche potrebbero beneficiare di collaborazioni con università e centri di ricerca. Queste partnership possono portare allo sviluppo di nuove varietà di piante ottimizzate per la coltivazione idroponica o a miglioramenti nei sistemi di coltivazione che possono aumentare ulteriormente l'efficienza.

Coinvolgimento con Start-up Tecnologiche: Collaborare con start-up che sviluppano tecnologie innovative può fornire accesso a soluzioni di ultima generazione, come sensori avanzati, sistemi di intelligenza artificiale, o nuovi materiali biodegradabili per la coltivazione idroponica. Questo non solo migliora le operazioni correnti ma può anche posizionare l'azienda come leader nel campo dell'innovazione idroponica.

Implementazione di Pratiche di Produzione Responsabile

Certificazioni Ambientali e Sociali: Ottenere certificazioni come il USDA Organic, LEED, o Fair Trade può non solo migliorare la percezione del brand ma anche garantire ai consumatori che i prodotti sono stati coltivati secondo standard rigorosi che considerano l'impatto ambientale e sociale.

Pratiche di Responsabilità Sociale d'Impresa (CSR): Aderire a pratiche di CSR può rafforzare le relazioni con la comunità e migliorare l'immagine pubblica dell'azienda. Iniziative come la donazione di cibo invenduto a banche alimentari o il coinvolgimento in programmi educativi locali possono avere un impatto significativo sulla comunità locale.

Integrazione di Tecnologie Sostenibili

Sistemi di Energia Pulita: Oltre all'uso di fonti rinnovabili, considerare l'integrazione di sistemi di cogenerazione che possono utilizzare il calore residuo dei processi energetici per riscaldare le serre, riducendo ulteriormente il consumo energetico e aumentando l'efficienza complessiva.

Materiali Sostenibili per la Costruzione e il Packaging: Scegliere materiali sostenibili per la costruzione delle strutture idroponiche e per il packaging dei prodotti finali può ridurre l'impronta di carbonio dell'azienda e migliorare la riciclabilità del prodotto finale.

Valorizzazione dell'Innovazione e della Ricerca Continua

Focus su R&S: Investire continuamente in ricerca e sviluppo per esplorare nuovi metodi di coltivazione, nuovi trattamenti ecologici per le piante, e tecnologie emergenti che possono portare a miglioramenti significativi in termini di efficienza e sostenibilità.

Sperimentazione Controllata: Creare un ambiente dedicato alla sperimentazione controllata all'interno dell'impianto, dove nuove idee e tecnologie possono essere testate senza rischiare l'integrità delle operazioni principali. Questo laboratorio di innovazione può accelerare l'introduzione di nuovi concetti che, una volta validati, possono essere implementati su scala più ampia.

Attraverso l'applicazione di queste strategie avanzate, gli impianti idroponici non solo possono migliorare la loro sostenibilità e efficienza ma possono anche contribuire a una trasformazione più ampia verso pratiche agricole più sostenibili e rispettose dell'ambiente. Questi esempi e lezioni apprese servono come modello e ispirazione per altre operazioni idroponiche in tutto il mondo, promuovendo un futuro in cui l'agricoltura è sia produttiva che ecologicamente responsabile.

Miglioramento della Gestione della Catena di Approvvigionamento

Focalizzarsi sul miglioramento della catena di approvvigionamento può ridurre significativamente l'impatto ambientale delle operazioni idroponiche. Sviluppare logistiche ottimizzate e sostenibili che minimizzino il trasporto di lunga distanza, utilizzando veicoli alimentati da energie rinnovabili o combustibili alternativi, può diminuire le emissioni di carbonio associate al trasporto dei prodotti idroponici dal produttore al consumatore.

Sviluppo di Sistemi di Acquaponica Integrati

Esplorare l'integrazione di sistemi di acquaponica, dove la coltivazione di piante e l'allevamento di pesci sono combinati in un sistema circolare che beneficia entrambi. I rifiuti prodotti dai pesci forniscono un fertilizzante organico per le piante, che a loro volta purificano l'acqua, creando un sistema ecologico che riduce la necessità di fertilizzanti chimici e migliora la sostenibilità complessiva dell'impianto.

Implementazione di Strategie di Economia Circolare

Adottare principi di economia circolare per massimizzare il riutilizzo e il riciclo di tutti i materiali e le risorse utilizzate nell'impianto idroponico. Questo può includere il recupero di materiali dai rifiuti della pianta per creare nuovi substrati di crescita o l'uso di acqua riciclata. Queste pratiche non solo riducono gli sprechi ma anche l'impronta ecologica dell'operazione.

Utilizzo di Tecnologie di Decarbonizzazione

Integrare tecnologie di decarbonizzazione per ridurre o neutralizzare le emissioni di carbonio. Questo può includere l'installazione di sistemi di cattura del carbonio che trasformano le emissioni di CO2 in nutrienti utilizzabili o in altri prodotti commercializzabili, trasformando un problema ambientale in una risorsa economica.

Innovazione nel Design delle Serre

Rivoluzionare il design delle serre per migliorare l'efficienza energetica e la produzione. Utilizzare materiali avanzati per la copertura che massimizzino la trasmissione della luce solare ma minimizzino la perdita di calore, riducendo così la necessità di riscaldamento supplementare e il consumo energetico.

Monitoraggio Ambientale Esteso

Estendere i sistemi di monitoraggio per includere non solo le variabili interne, come nutrienti e clima, ma anche impatti ambientali esterni, come la qualità dell'aria e dell'acqua nelle vicinanze. Questo monitoraggio aiuta a identificare e mitigare rapidamente eventuali impatti negativi dell'impianto sul suo ambiente locale.

Collaborazione con il Settore Pubblico e Privato

Stabilire collaborazioni tra il settore pubblico e privato per supportare l'innovazione sostenibile nell'idroponica. Questo può includere incentivi governativi per pratiche sostenibili, nonché partenariati con aziende private per lo sviluppo di nuove tecnologie o per il miglioramento delle infrastrutture.

Miglioramento della Trasparenza e della Comunicazione

Migliorare la trasparenza e la comunicazione riguardo le pratiche sostenibili adottate dall'impianto. Informare attivamente i consumatori e altre parti interessate sugli sforzi di sostenibilità attraverso report regolari, certificazioni visibili e campagne di marketing che mettono in luce gli impegni ambientali dell'azienda.

Sviluppo di Metriche di Valutazione dell'Impatto

Sviluppare e utilizzare metriche robuste per valutare l'impatto ambientale delle operazioni idroponiche. Queste metriche possono aiutare a misurare il successo delle iniziative di sostenibilità e identificare aree che richiedono miglioramenti o ulteriori innovazioni.

Formazione Continua e Capacitazione del Personale

Assicurare una formazione continua e la capacitazione del personale su tecniche sostenibili e pratiche operative che riducano l'impronta ambientale. Un team ben informato e impegnato è essenziale per implementare efficacemente strategie sostenibili e per innovare continuamente nei processi.

Adottando questi approcci e strategie, gli impianti idroponici possono non solo migliorare la loro efficienza e output ma anche porsi come leader nella promozione di un'agricoltura più verde e sostenibile. Attraverso l'innovazione continua e l'impegno per pratiche rispettose dell'ambiente, l'idroponica può avere un impatto positivo significativo sul pianeta, contribuendo a creare sistemi alimentari più sostenibili per le generazioni future.

Concludendo, l'adozione di pratiche sostenibili nell'idroponica è fondamentale non solo per minimizzare l'impatto ambientale di tali operazioni ma anche per garantire la loro viabilità a lungo termine in un contesto di crescenti sfide ambientali e regolamenti più rigorosi.

Componenti Chiave per una Idroponica Sostenibile:

1. **Gestione Efficiente delle Risorse**: Ottimizzare l'uso delle risorse, in particolare acqua e energia, attraverso tecnologie avanzate e sistemi di ricircolo. L'implementazione di sistemi di monitoraggio in tempo reale garantisce che le risorse siano utilizzate in modo efficiente, riducendo gli sprechi e abbassando i costi operativi.

2. **Energia Rinnovabile**: Integrare fonti di energia rinnovabile come il solare, l'eolico o la biomassa per alimentare le operazioni riduce la dipendenza dai combustibili fossili e diminuisce l'impronta di carbonio dell'impianto idroponico. Questo non solo migliora la sostenibilità ma può anche fornire stabilità contro le fluttuazioni dei prezzi dell'energia.

3. **Uso Responsabile dei Pesticidi**: Adottare metodi di controllo biologico e organico per gestire parassiti e malattie minimizza l'uso di sostanze chimiche dannose. Questo protegge non solo l'ambiente ma anche la salute dei consumatori e dei lavoratori dell'impianto.

4. **Innovazione e Adattamento Continui**: Investire in ricerca e sviluppo per esplorare nuove tecnologie e metodi di coltivazione che migliorano ulteriormente la sostenibilità. L'innovazione continua è essenziale per affrontare le sfide emergenti e per migliorare continuamente le pratiche operative.

5. **Certificazioni e Trasparenza**: Ottenere certificazioni ambientali riconosciute e comunicare apertamente le pratiche sostenibili adottate aumenta la fiducia dei consumatori e rafforza la reputazione del marchio. Essere trasparenti riguardo gli sforzi di sostenibilità aiuta anche a costruire relazioni più forti con clienti, fornitori e la comunità locale.

6. **Sostenibilità Sociale ed Economica**: Assicurare che le pratiche idroponiche non solo siano ambientalmente sostenibili ma anche socialmente responsabili. Ciò include fornire condizioni di lavoro eque, supportare la comunità locale e contribuire positivamente all'economia locale.

7. **Gestione dei Rifiuti e Riciclo**: Implementare strategie di gestione dei rifiuti che promuovano il riciclo e la riduzione dei rifiuti. Questo include il compostaggio dei rifiuti organici e l'utilizzo di materiali riciclabili o biodegradabili nel packaging e nelle infrastrutture.

8. **Collaborazione e Condivisione delle Conoscenze**: Partecipare a reti e iniziative settoriali per condividere conoscenze, risorse e migliori pratiche

con altre operazioni idroponiche. La collaborazione può accelerare l'adozione di innovazioni sostenibili e migliorare le norme del settore.

9. **Valutazioni di Impatto Ambientale Regolari**: Condurre regolarmente valutazioni di impatto ambientale per monitorare gli effetti delle operazioni idroponiche sull'ambiente circostante. Queste valutazioni aiutano a identificare rapidamente le aree che necessitano di miglioramenti e a prendere decisioni informate su come mitigare eventuali impatti negativi.

10. **Educazione e Formazione**: Promuovere la formazione continua del personale su pratiche sostenibili e tecnologie emergenti. Mantenere un team informato e impegnato è cruciale per l'implementazione efficace di strategie sostenibili e per il mantenimento di standard elevati di operatività.

Adottando questi principi, gli impianti idroponici possono non solo ridurre il loro impatto ambientale ma anche posizionarsi come leader nell'agricoltura sostenibile. Questo approccio a lungo termine non solo garantisce la sostenibilità ambientale, ma anche quella economica e sociale, contribuendo a costruire un futuro più verde per l'agricoltura globale.

16. Integrazione con altre tecnologie agricole - Sinergie con l'aquaponica, la permacultura e altre pratiche agricole innovative.

L'integrazione dell'idroponica con altre tecnologie agricole, come l'aquaponica e la permacultura, offre opportunità significative per aumentare l'efficienza, la sostenibilità e l'efficacia delle operazioni agricole. Questa sinergia può portare a sistemi più resilienti e produttivi che massimizzano l'uso delle risorse e minimizzano l'impatto ambientale. Esaminiamo come queste integrazioni possono essere realizzate e quali benefici possono portare.

Integrazione con l'Aquaponica

Descrizione: L'aquaponica combina l'acquacoltura (allevamento di pesci, crostacei o molluschi) con l'idroponica in un sistema circolare che permette alle piante di utilizzare i rifiuti prodotti dagli animali acquatici come nutrienti.

Sinergie:

- **Efficienza delle Risorse**: L'integrazione riduce il bisogno di input chimici poiché i rifiuti degli animali forniscono una fonte naturale di nutrienti per le piante, che a loro volta filtrano l'acqua, migliorando la salute e la crescita degli animali.

- **Sostenibilità Migliorata**: L'aquaponica crea un micro-ecosistema che può supportare una maggiore biodiversità e promuovere pratiche di conservazione dell'acqua, contribuendo a un'agricoltura più sostenibile.

Implementazione:

- Sviluppare sistemi modulari che possono essere facilmente integrati con infrastrutture idroponiche esistenti.

- Investire nella ricerca per ottimizzare le razze di pesci e le varietà di piante che meglio si adattano a queste condizioni sinergiche.

Sinergie con la Permacultura

Descrizione: La permacultura è un approccio olistico alla progettazione agricola che cerca di imitare i modelli e le relazioni osservate in ecosistemi naturali.

Sinergie:

- **Diversità Funzionale**: Integrare principi di permacultura nell'idroponica, come il design multic strato e la diversificazione delle colture, può aumentare la resilienza del sistema, ridurre le infestazioni di parassiti e migliorare la salute del suolo (o substrato nel caso dell'idroponica).

- **Gestione Sostenibile**: L'applicazione di principi di permacultura può ridurre la dipendenza da fonti energetiche non rinnovabili e minimizzare i rifiuti attraverso pratiche come il compostaggio dei residui vegetali.

Implementazione:

- Adattare layout e progettazioni per incorporare varietà vegetali che si supportano mutualmente, riducendo la necessità di pesticidi e fertilizzanti.

- Utilizzare sistemi di raccolta e riciclo delle acque piovane per integrare l'irrigazione idroponica.

Integrazione con Tecnologie Agricole Innovative

Descrizione: L'integrazione con tecnologie avanzate come l'agricoltura di precisione, l'intelligenza artificiale e i droni può aumentare l'efficienza e l'efficacia delle operazioni idroponiche.

Sinergie:

- **Precision Farming**: L'uso di sensori e AI per monitorare e controllare automaticamente le condizioni ambientali e di crescita può ottimizzare l'uso delle risorse e migliorare i rendimenti delle colture.

- **Monitoraggio e Manutenzione**: I droni possono essere utilizzati per ispezioni rapide e efficienti di grandi impianti idroponici, identificando aree che richiedono attenzione o trattamento.

Implementazione:

- Integrare piattaforme software che analizzano i dati raccolti dai sensori per ottimizzare automaticamente le condizioni di crescita.

- Sviluppare protocolli per l'uso di droni e robot per automazione e monitoraggio, riducendo la necessità di lavoro manuale intensivo.

Conclusioni

Integrando l'idroponica con altre tecnologie e pratiche agricole, si possono realizzare sistemi di produzione alimentare più robusti, efficienti e sostenibili. Queste sinergie non solo migliorano la produttività e l'efficienza ma anche riducono l'impatto ambientale dell'agricoltura, promuovendo un futuro più verde e sostenibile. Gli investimenti in ricerca e sviluppo, insieme a un impegno verso l'innovazione e l'adozione di nuove tecnologie, saranno cruciali per il successo di queste integrazioni avanzate.

Implementazione di Sistemi Agrovoltaici

L'integrazione di sistemi agrovoltaici, dove i pannelli solari sono utilizzati per generare energia sopra le serre idroponiche, offre un duplice beneficio. Questi sistemi non solo forniscono energia pulita per alimentare le operazioni idroponiche, ma migliorano anche le condizioni microclimatiche per le piante, riducendo il carico di

raffreddamento e proteggendo le colture da eccessi
meteorologici.

Utilizzo di Metodi di Biocontrollo

Ampliare l'uso di metodi di biocontrollo nell'idroponica per
gestire parassiti e malattie attraverso l'introduzione
controllata di predatori naturali o antagonisti. Questo
metodo riduce la dipendenza da pesticidi chimici,
promuovendo un ambiente di crescita più sano e un
prodotto finale più sicuro per i consumatori.

Tecniche di Coltivazione Consociata

Sperimentare con tecniche di coltivazione consociata
all'interno degli impianti idroponici, dove diverse specie di
piante vengono coltivate insieme per promuovere benefici
reciproci, come il miglioramento del controllo dei parassiti e
l'ottimizzazione dell'uso dello spazio. Questo approccio può
aumentare la biodiversità all'interno del sistema idroponico
e migliorare la stabilità e la resilienza dell'ecosistema
creato.

Ottimizzazione dei Cicli Nutritivi

Perfezionare i cicli nutritivi attraverso l'uso di sensori
avanzati e modelli di intelligenza artificiale per analizzare e
prevedere le esigenze specifiche di nutrienti delle piante.
Questo permette una somministrazione più precisa dei
nutrienti, riducendo gli sprechi e l'impatto ambientale
associato all'eccesso di fertilizzanti nel sistema.

Impiego di Materiali Sostenibili

Investire nella ricerca e nello sviluppo di nuovi materiali sostenibili per l'uso nell'idroponica, come substrati biodegradabili o riciclabili che possono sostituire quelli tradizionali meno ecologici. Questo non solo riduce l'impatto ambientale del sistema idroponico ma promuove anche il ciclo di vita chiuso delle risorse utilizzate.

Miglioramento del Bilanciamento Energetico

Analizzare e migliorare il bilanciamento energetico complessivo degli impianti idroponici integrando soluzioni come il recupero del calore residuo e l'isolamento termico migliorato delle strutture. Queste iniziative possono ridurre significativamente il consumo energetico e le emissioni di gas serra associate.

Promozione dell'Agricoltura Circolare

Promuovere principi di agricoltura circolare all'interno della comunità idroponica per massimizzare il riutilizzo e il riciclo di tutti i materiali e le risorse. Questo può includere l'adozione di sistemi di acqua grigia per l'irrigazione, il compostaggio dei residui vegetali e l'uso di rifiuti organici come fonte di energia attraverso digestori anaerobici.

Integrazione di Tecnologie IoT

Implementare tecnologie IoT per un monitoraggio e controllo più sofisticati del microclima, dell'irrigazione e dell'alimentazione delle piante. Questo tipo di tecnologia può automatizzare molti processi, ridurre gli errori umani, migliorare la precisione dei dati raccolti e ottimizzare l'uso delle risorse.

Collaborazioni per la Sostenibilità

Creare e mantenere collaborazioni tra aziende agricole idroponiche, università, centri di ricerca, e altre istituzioni per condividere conoscenze, risorse e tecnologie che possono promuovere la sostenibilità. Queste collaborazioni possono anche aiutare a standardizzare pratiche sostenibili e promuovere normative che supportino l'innovazione sostenibile.

Valutazione Continua e Miglioramento

Condurre valutazioni continue dell'impatto ambientale delle operazioni idroponiche per monitorare l'efficacia delle strategie di sostenibilità implementate e per identificare opportunità di miglioramento. Questi audit possono guidare aggiustamenti nelle pratiche operative e aiutare le aziende a rimanere allineate con gli obiettivi di sostenibilità a lungo termine.

Adottando queste pratiche avanzate e integrative, gli impianti idroponici possono non solo migliorare le loro operazioni ma anche porsi come leader nella promozione di un'agricoltura più sostenibile. Attraverso un impegno costante verso l'innovazione e la sostenibilità, l'agricoltura idroponica può continuare a evolvere, offrendo soluzioni efficaci per i crescenti bisogni alimentari globali mentre minimizza l'impatto ambientale.

Concludendo, l'integrazione dell'idroponica con altre tecnologie agricole rappresenta un potente approccio per migliorare la sostenibilità, l'efficienza e l'efficacia dei sistemi di produzione alimentare. Le sinergie create tra l'idroponica e tecnologie come l'aquaponica, la permacultura e l'agricoltura di precisione possono contribuire a sviluppare soluzioni agricole che sono non solo produttive, ma anche ecologicamente responsabili e economicamente vantaggiose.

Punti Chiave per l'Integrazione di Tecnologie Agricole:

1. **Sviluppo di Sistemi Integrati**: Creare sistemi che combinano l'idroponica con l'aquaponica e la permacultura per utilizzare i vantaggi di ogni metodo, come l'efficienza del consumo di acqua e l'uso di fertilizzanti naturali provenienti da rifiuti organici. Questi sistemi integrati migliorano la resilienza delle colture, diversificano la produzione e ottimizzano l'uso delle risorse.

2. **Tecnologie Innovative**: L'adozione di tecnologie avanzate come sensori intelligenti, AI e IoT migliora il monitoraggio e la gestione dei sistemi idroponici, rendendo l'agricoltura più precisa e meno dipendente dalle stime umane. Queste tecnologie permettono una gestione ottimale delle condizioni di

crescita, che si traduce in un aumento della resa e una diminuzione degli sprechi.

3. **Sostenibilità e Pratiche Ecocompatibili**: Incorporare principi di sostenibilità attraverso l'uso di energia rinnovabile, materiali sostenibili e tecniche di riciclo all'interno degli impianti idroponici. Questo non solo riduce l'impronta ambientale ma rafforza anche il posizionamento di mercato come leader in pratiche agricole verdi.

4. **Educazione e Collaborazione**: Stabilire programmi di educazione e formazione per condividere conoscenze e pratiche migliori tra comunità agricole e il pubblico più ampio. Collaborare con istituti di ricerca e industrie per promuovere l'innovazione continua e la diffusione di tecnologie sostenibili.

5. **Adattamento e Flessibilità**: Rimani flessibile e aperto a nuove idee e innovazioni che possono emergere nel campo agricolo. Essere pronti ad adattarsi e integrare nuove tecniche e tecnologie che possono migliorare ulteriormente l'efficienza e la sostenibilità delle operazioni idroponiche.

6. **Valutazioni Regolari dell'Impatto**: Condurre valutazioni dell'impatto ambientale e sociale regolarmente per monitorare gli effetti delle pratiche agricole integrate e fare aggiustamenti basati su dati empirici. Questo aiuta a garantire che le operazioni

non solo rimangano produttive ma anche sostenibili a lungo termine.

7. **Miglioramento Continuo**: Impegnarsi in un processo di miglioramento continuo, utilizzando feedback dal mercato, risultati di ricerca, e nuove tecnologie per affinare e migliorare le strategie operative. Questo impegno nel tempo porta a operazioni più robuste, resilienti e rispettose dell'ambiente.

Integrando l'idroponica con altre tecnologie e pratiche agricole, le aziende possono non solo affrontare le sfide ambientali e produttive di oggi, ma anche porsi come pionieri di un futuro agricolo più sostenibile e innovativo. Questo approccio holistico e interdisciplinare alla produzione alimentare è fondamentale per nutrire una popolazione mondiale in crescita in modo responsabile e sostenibile.

17. Aspetti economici dell'idroponica avanzata - Analisi dei costi, redditività e modelli di business efficaci.

L'idroponica avanzata, essendo un sistema di coltivazione altamente tecnologico, richiede un'analisi attenta degli aspetti economici per garantire la sostenibilità finanziaria oltre a quella ambientale. Questo include un'analisi dettagliata dei costi di avvio e operativi, delle potenzialità di redditività e dei modelli di business che si sono dimostrati efficaci in questo settore.

Analisi dei Costi

Costi di Avvio: Gli impianti idroponici avanzati richiedono un investimento iniziale significativo. Questi costi includono l'acquisto o il leasing di terreni o strutture, l'installazione di sistemi idroponici come serbatoi, pompe, sistemi di illuminazione LED, sistemi di controllo del clima, e altro hardware specializzato. Inoltre, sono necessari investimenti in software di gestione dei dati e sistemi automatizzati per il monitoraggio e la regolazione delle condizioni di crescita.

Costi Operativi: I costi operativi in un sistema idroponico avanzato includono energia elettrica, acqua, nutrienti, manutenzione degli impianti, lavoro, e spese amministrative. L'energia è uno dei maggiori costi operativi, dato l'uso intensivo di sistemi di illuminazione artificiale e controllo climatico.

Redditività

La redditività dell'idroponica dipende da vari fattori:

- **Efficienza della Produzione**: L'ottimizzazione delle condizioni di crescita e l'uso di varietà di piante ad alto rendimento possono aumentare significativamente la produzione, influenzando direttamente la redditività.

- **Minimizzazione degli Sprechi**: L'idroponica riduce gli sprechi di risorse come acqua e nutrienti grazie al controllo preciso delle condizioni di crescita.

- **Mercato di Vendita**: La scelta dei mercati di vendita è cruciale. I prodotti idroponici tendono a ottenere prezzi premium nei mercati urbani e tra consumatori consapevoli delle questioni di sostenibilità e qualità.

- **Diversificazione dei Prodotti**: La coltivazione di una varietà di piante può aiutare a mitigare i rischi di mercato e aumentare le opportunità di vendita.

Modelli di Business Efficaci

Agricoltura CSA (Community Supported Agriculture): Questo modello coinvolge i consumatori come sostenitori finanziari dell'azienda agricola, offrendo in cambio una parte del raccolto durante la stagione. Questo può aiutare a garantire un flusso di cassa stabile e ridurre i rischi finanziari.

Agricoltura Urbana Commerciale: Posizionare gli impianti idroponici in aree urbane può ridurre i costi di trasporto e aumentare la freschezza del prodotto, attrarre un segmento di clientela disposto a pagare di più per prodotti locali e sostenibili.

Produzione di Nicchia: Specializzarsi in colture ad alto valore, come erbe aromatiche speciali, verdure esotiche, o prodotti biologici può consentire di comandare prezzi più alti e stabilire una forte differenziazione nel mercato.

Partnership e Collaborazioni: Formare partnership con ristoranti, negozi di alimentari, e altri venditori al dettaglio può assicurare contratti di vendita a lungo termine e migliorare la stabilità finanziaria.

Sfruttamento della Tecnologia: Utilizzare appieno la tecnologia per ridurre il lavoro manuale e aumentare l'efficienza, riducendo i costi operativi a lungo termine e migliorando la qualità e la consistenza della produzione.

Conclusione

Per garantire il successo economico di un'operazione idroponica avanzata, è essenziale una pianificazione finanziaria accurata, un attento controllo dei costi operativi, e una strategia di mercato ben definita. I coltivatori devono rimanere aggiornati con le ultime innovazioni tecnologiche e tendenze di mercato per mantenere la loro competitività. Inoltre, una comprensione approfondita dei propri costi di produzione e una strategia di prezzo informata possono massimizzare la redditività. Adottando questi approcci, l'idroponica non solo può essere ecologicamente sostenibile ma anche economicamente vantaggiosa.

Approfondimento nella Gestione delle Risorse Umane

La gestione delle risorse umane è un altro aspetto critico dell'economia dell'idroponica avanzata. Investire nella formazione e nello sviluppo del personale non solo migliora l'efficienza operativa, ma può anche ridurre i costi a lungo termine minimizzando gli errori e ottimizzando le performance del sistema. Programmi di formazione continua che coprono le ultime tecnologie e tecniche di coltivazione idroponica possono contribuire a mantenere una forza lavoro qualificata e motivata, essenziale per l'ottimizzazione della produzione.

Innovazione e Sviluppo di Prodotti

L'innovazione costante in termini di varietà di piante coltivate e tecnologie di coltivazione può aprire nuovi mercati e aumentare la redditività. La ricerca e lo sviluppo di nuovi prodotti che rispondano ai cambiamenti delle preferenze dei consumatori, come varietà di piante più nutrienti o con migliori qualità organolettiche, possono distinguere un'azienda idroponica dai suoi concorrenti. L'introduzione di prodotti innovativi può anche permettere di comandare prezzi premium sul mercato.

Ottimizzazione dei Costi di Imballaggio e Logistica

I costi di imballaggio e logistica rappresentano una parte significativa delle spese nelle operazioni idroponiche, specialmente per quelle che servono mercati distanti o altamente competitivi. L'adozione di materiali di imballaggio ecocompatibili e biodegradabili può non solo ridurre l'impatto ambientale, ma anche attrarre consumatori consapevoli dell'ambiente. Inoltre, l'ottimizzazione delle catene di distribuzione, attraverso l'analisi logistica e l'implementazione di software di gestione della supply chain, può ridurre significativamente i costi di trasporto e distribuzione.

Sfruttamento delle Tecnologie Digitali per il Marketing

L'utilizzo delle tecnologie digitali per strategie di marketing e vendita può aprire canali di distribuzione più efficienti e meno costosi. E-commerce, piattaforme di vendita diretta al consumatore, e il marketing sui social media sono strumenti efficaci per raggiungere un pubblico più ampio, aumentare la consapevolezza del marchio e promuovere la lealtà del cliente senza i costi associati ai tradizionali canali di vendita al dettaglio.

Analisi Finanziaria e Monitoraggio del Ritorno sull'Investimento

Effettuare analisi finanziarie dettagliate e monitorare regolarmente il ritorno sull'investimento (ROI) per tutte le innovazioni e miglioramenti apportati è cruciale per comprendere la loro efficacia e sostenibilità finanziaria. Utilizzare metriche finanziarie chiare e software di analisi per tracciare costi e ricavi può aiutare a identificare rapidamente aree di successo e di miglioramento, assicurando che la gestione finanziaria sia proattiva piuttosto che reattiva.

Strategie di Prezzi Dinamici

Adottare strategie di prezzi dinamici basate su analisi di mercato dettagliate, stagionalità e variazioni della domanda può ottimizzare i ricavi. Prezzi dinamici possono aiutare a massimizzare i profitti durante i picchi di domanda e a mantenere la competitività durante i periodi di offerta abbondante.

Gestione dei Rischi e Assicurazioni

Implementare una gestione dei rischi efficace, includendo polizze assicurative che coprano eventi avversi e fluttuazioni di mercato, è vitale per proteggere l'investimento e garantire la stabilità finanziaria dell'operazione idroponica. Le polizze possono includere copertura per danni alle attrezzature, interruzione dell'attività e responsabilità civile, mitigando i potenziali impatti finanziari di imprevisti.

Creazione di Reti di Collaborazione

Stabilire reti di collaborazione con altre aziende idroponiche e con enti di ricerca può facilitare la condivisione di risorse, conoscenze e tecnologie, riducendo così i costi di sviluppo e accelerando l'innovazione. Queste collabor

ChatGPT

azioni possono anche aprire nuove opportunità di mercato e sinergie che altrimenti potrebbero essere difficili da raggiungere da soli.

Conclusioni

Nel complesso, l'analisi degli aspetti economici dell'idroponica avanzata richiede un approccio olistico che integri strategie finanziarie, innovazione tecnologica, gestione delle risorse umane e un costante monitoraggio delle performance aziendali. Con una pianificazione strategica attenta e un impegno per l'innovazione continua, le operazioni idroponiche possono non solo raggiungere la sostenibilità finanziaria, ma anche guidare l'industria verso nuovi livelli di successo e prosperità.

Concludendo, l'analisi degli aspetti economici dell'idroponica avanzata rivela una serie di strategie chiave che possono contribuire alla redditività e alla sostenibilità finanziaria di queste operazioni. Ecco alcuni dei principali punti da considerare:

Pianificazione e Gestione dei Costi

1. **Investimenti Iniziali**: Gli impianti idroponici avanzati richiedono investimenti significativi in infrastrutture, attrezzature e tecnologie. La pianificazione finanziaria accurata è essenziale per coprire questi costi e assicurare la redditività a lungo termine.

2. **Costi Operativi**: La gestione attenta dei costi operativi, inclusi energia, acqua, nutrienti e manodopera, è fondamentale. L'automazione e le tecnologie di monitoraggio possono aiutare a ottimizzare l'efficienza e ridurre gli sprechi, aumentando la redditività.

Redditività e Modelli di Business

1. **Produzione di Alta Qualità**: La redditività può essere migliorata attraverso la coltivazione di piante di alta qualità, che possono essere vendute a prezzi

premium nei mercati di nicchia o urbani. Diversificare la produzione e specializzarsi in colture ad alto valore aggiunto può anche aumentare la redditività.

2. **Modelli di Business Efficaci**: Modelli di business come l'agricoltura CSA (Community Supported Agriculture), l'agricoltura urbana e la produzione di nicchia offrono strategie efficaci per stabilire una clientela fedele, ridurre i costi di distribuzione e migliorare la stabilità finanziaria.

3. **Marketing Digitale e Vendita Diretta**: Utilizzare strategie di marketing digitale e vendita diretta attraverso e-commerce e piattaforme online può ampliare i canali di vendita, ridurre i costi associati ai distributori e aumentare i margini di profitto.

Innovazione e Sviluppo

1. **Sviluppo di Prodotti Innovativi**: L'introduzione di nuove varietà di piante e tecniche di coltivazione può aprire nuovi mercati e distinguere l'azienda idroponica dai concorrenti, migliorando la redditività.

2. **Collaborazione e Ricerca**: Collaborare con istituti di ricerca e aziende tecnologiche può portare a nuovi sviluppi e innovazioni che migliorano l'efficienza e la sostenibilità dell'operazione, riducendo i costi e aumentando la produttività.

3. **Gestione dei Rischi e Assicurazioni**: Implementare una gestione dei rischi efficace e assicurazioni

adeguate può proteggere l'investimento dell'azienda da imprevisti, assicurando la stabilità finanziaria a lungo termine.

Conclusioni Finali

Nel complesso, un approccio strategico e olistico è necessario per assicurare la sostenibilità economica dell'idroponica avanzata. Questo approccio deve integrare una gestione attenta dei costi, strategie di business efficaci e un impegno continuo verso l'innovazione. Adottando queste strategie, gli impianti idroponici possono non solo raggiungere la redditività finanziaria, ma anche contribuire a guidare il settore verso un futuro più prospero e sostenibile.

18. Normative e legislazioni - Panoramica delle leggi e normative che influenzano la pratica dell'idroponica in diverse regioni.

L'idroponica, come qualsiasi altra pratica agricola, è soggetta a diverse normative e leggi che variano a seconda delle regioni e delle giurisdizioni. Queste leggi influenzano vari aspetti dell'idroponica, dalla produzione e distribuzione ai requisiti di sicurezza e standard ambientali. Una panoramica completa delle normative in diverse regioni può aiutare i coltivatori a navigare nel panorama legale e assicurarsi che le loro operazioni siano conformi.

Stati Uniti

Regolamentazione Federale: Negli Stati Uniti, l'idroponica è regolamentata a livello federale principalmente dal Dipartimento dell'Agricoltura degli Stati Uniti (USDA) e dalla Food and Drug Administration (FDA). La USDA regola l'etichettatura dei prodotti biologici, incluso se i prodotti idroponici possono essere certificati come biologici. La FDA, invece, regola gli standard di sicurezza alimentare, che influenzano la produzione, la lavorazione e la distribuzione dei prodotti idroponici.

Normative Statali: A livello statale, le leggi possono variare significativamente. Ad esempio, alcune giurisdizioni richiedono permessi speciali per la costruzione e l'operazione di impianti idroponici, mentre altre potrebbero avere restrizioni su determinati tipi di colture o pratiche agricole.

Unione Europea

Regolamentazione dell'UE: Nell'Unione Europea, le normative sull'idroponica sono stabilite principalmente dalla Commissione Europea. La direttiva sull'agricoltura biologica stabilisce i criteri per la certificazione dei prodotti come biologici, ma in alcune regioni i prodotti idroponici non possono essere etichettati come tali.

Normative Nazionali: Ogni paese dell'UE può avere leggi aggiuntive. Ad esempio, in Francia, le operazioni idroponiche possono essere soggette a rigorosi controlli sulla sicurezza alimentare e sulla tracciabilità. In Germania, i prodotti idroponici devono rispettare i requisiti di qualità alimentare e di sostenibilità ambientale.

Canada

Regolamentazione Federale: In Canada, l'idroponica è regolamentata dal Canadian Food Inspection Agency (CFIA) e dall'Agriculture and Agri-Food Canada (AAFC). Questi enti stabiliscono gli standard di sicurezza alimentare, le normative sulla tracciabilità e i requisiti per l'etichettatura dei prodotti biologici.

Normative Provinciali: A livello provinciale, le leggi possono variare. Ad esempio, in Quebec, gli impianti idroponici possono richiedere permessi speciali e devono rispettare specifici standard di qualità alimentare e sostenibilità.

Asia

Giappone: In Giappone, il Ministero dell'Agricoltura, delle Foreste e della Pesca (MAFF) stabilisce le normative relative all'idroponica, incluse le linee guida per la produzione e la distribuzione dei prodotti idroponici.

Singapore: Singapore ha sviluppato normative specifiche per l'agricoltura urbana, incluso l'idroponico, per promuovere la produzione alimentare locale. Il Singapore Food Agency (SFA) stabilisce standard di sicurezza alimentare, qualità e tracciabilità.

Australia

Regolamentazione Federale: In Australia, l'idroponica è regolamentata dal Dipartimento dell'Agricoltura, dell'Acqua e dell'Ambiente. Questo dipartimento stabilisce gli standard per la produzione alimentare, la tracciabilità e i requisiti di etichettatura per i prodotti idroponici.

Leggi Statali: A livello statale, le leggi possono variare. Ad esempio, nel New South Wales, gli impianti idroponici devono rispettare normative ambientali specifiche e ottenere permessi per la gestione delle risorse idriche.

Africa

Sudafrica: In Sudafrica, l'idroponica è regolamentata dal Dipartimento dell'Agricoltura, delle Foreste e della Pesca, che stabilisce gli standard per la produzione alimentare e la sicurezza dei prodotti idroponici.

Kenya: In Kenya, il settore idroponico è in crescita e la sua regolamentazione è principalmente gestita dal Ministero dell'Agricoltura, che stabilisce linee guida per la produzione, la distribuzione e la qualità alimentare.

Conclusione

Nel complesso, l'idroponica è regolamentata in diverse regioni da una combinazione di leggi e normative a livello federale, nazionale e locale. I coltivatori idroponici devono essere consapevoli di queste normative e assicurarsi che le loro operazioni siano conformi per evitare sanzioni e garantire la sostenibilità a lungo termine. Navigare efficacemente nel panorama legale richiede un monitoraggio continuo delle leggi e l'adattamento delle pratiche agricole per rimanere in conformità con le normative emergenti.

Licenze e Permessi di Costruzione

In molte regioni, l'avvio di un impianto idroponico richiede licenze e permessi specifici per la costruzione e l'operatività. Questi permessi variano a seconda della giurisdizione e possono includere permessi edilizi, licenze agricole e autorizzazioni ambientali. In alcuni casi, potrebbe essere necessario sottoporsi a ispezioni periodiche per garantire che l'impianto rimanga conforme agli standard locali.

Normative Ambientali e di Sostenibilità

Le normative ambientali possono influenzare in modo significativo le operazioni idroponiche, specialmente nelle regioni che hanno implementato standard rigorosi di sostenibilità. In molti paesi, le leggi ambientali richiedono la minimizzazione dei rifiuti, l'uso sostenibile dell'acqua e dell'energia, e la gestione responsabile dei nutrienti per evitare l'inquinamento delle acque superficiali e sotterranee. In Australia, ad esempio, gli impianti idroponici devono ottenere permessi specifici per la gestione delle risorse idriche.

Normative sulla Sicurezza Alimentare

Le normative sulla sicurezza alimentare sono particolarmente rilevanti nell'idroponica, poiché questa pratica produce alimenti destinati al consumo umano. Enti come la FDA negli Stati Uniti e la CFIA in Canada stabiliscono standard di sicurezza che riguardano la produzione, la lavorazione e la distribuzione dei prodotti idroponici. Questi standard includono requisiti di tracciabilità, condizioni igieniche nelle strutture e test per garantire che i prodotti siano privi di contaminanti.

Certificazioni Biologiche

In alcune regioni, come gli Stati Uniti e l'Unione Europea, i prodotti idroponici possono ottenere certificazioni biologiche solo se rispettano criteri specifici. Negli Stati Uniti, la USDA stabilisce che i prodotti idroponici possono essere certificati come biologici se soddisfano i requisiti dell'Agricultural Marketing Service, compresi standard per l'uso di fertilizzanti naturali e la gestione ecologica delle colture. Nell'Unione Europea, le normative sulla certificazione biologica sono attualmente più restrittive e possono variare tra i paesi membri.

Etichettatura e Tracciabilità

Le leggi relative all'etichettatura e alla tracciabilità sono fondamentali per le operazioni idroponiche. In molte regioni, gli impianti devono garantire la tracciabilità completa dei loro prodotti, dall'origine al consumatore finale. Questo richiede un sistema di registrazione e documentazione ben organizzato, che permetta di identificare rapidamente la provenienza di ogni lotto di produzione e assicuri la conformità agli standard di qualità.

Normative per l'Agricoltura Urbana

In diverse aree urbane, ci sono normative specifiche che influenzano le operazioni idroponiche. A Singapore, ad esempio, le leggi sull'agricoltura urbana regolano la produzione alimentare locale, stabilendo requisiti per la costruzione, la sicurezza e l'uso sostenibile delle risorse. Queste normative possono facilitare la crescita di impianti idroponici nelle città, promuovendo al contempo la produzione alimentare locale.

Normative di Qualità Alimentare

In alcune regioni, le normative di qualità alimentare stabiliscono standard per le caratteristiche organolettiche e nutrizionali dei prodotti idroponici. In Germania, ad esempio, gli standard di qualità alimentare includono controlli per garantire che i prodotti idroponici rispettino determinati livelli di nutrienti e vitamine, assicurando che siano sicuri e benefici per i consumatori.

Tassazione e Incentivi Fiscali

Le leggi fiscali possono influenzare l'idroponica, attraverso sia la tassazione diretta che gli incentivi fiscali. Alcune regioni offrono incentivi fiscali per operazioni agricole sostenibili, inclusi impianti idroponici. In Giappone, ad esempio, ci sono incentivi per le aziende che adottano pratiche agricole sostenibili, tra cui l'idroponica.

Regolamentazione Internazionale

Le operazioni idroponiche che esportano i loro prodotti in altri paesi devono rispettare anche le leggi e normative internazionali. Questo può includere standard di qualità alimentare, tracciabilità, e certificazioni per l'esportazione. È fondamentale che gli impianti idroponici che operano a livello globale siano consapevoli di queste normative e si conformino ai requisiti specifici di ogni mercato.

Adottando e rispettando queste normative e leggi, le operazioni idroponiche possono non solo garantire la conformità legale ma anche promuovere la sostenibilità, la sicurezza e la qualità dei loro prodotti. Questo approccio aiuta a costruire fiducia tra i consumatori e a mantenere la competitività in un settore agricolo in continua evoluzione.

Concludendo, le normative e le leggi che regolamentano l'idroponica avanzata variano significativamente da regione a regione e coprono una vasta gamma di aspetti cruciali per il successo e la sostenibilità di queste operazioni. Una comprensione approfondita di queste normative è essenziale per garantire la conformità legale, la sicurezza dei prodotti e la sostenibilità a lungo termine.

Componenti Chiave delle Normative e Legislazioni nell'Idroponica:

1. **Permessi e Licenze**: Le operazioni idroponiche spesso richiedono permessi specifici per la costruzione e l'operatività. Questi possono includere licenze

edilizie, permessi agricoli e autorizzazioni ambientali, che variano a seconda della giurisdizione e richiedono un monitoraggio continuo per rimanere conformi.

2. **Normative Ambientali e di Sostenibilità**: Le normative ambientali giocano un ruolo cruciale, richiedendo la minimizzazione dei rifiuti, l'uso sostenibile dell'acqua e dell'energia, e la gestione responsabile dei nutrienti per prevenire l'inquinamento. In alcune regioni, come l'Australia, permessi specifici sono necessari per la gestione delle risorse idriche.

3. **Sicurezza Alimentare e Tracciabilità**: La sicurezza alimentare è un aspetto centrale delle normative sull'idroponica, con enti come la FDA negli Stati Uniti e la CFIA in Canada che stabiliscono standard rigorosi per la produzione, la lavorazione e la distribuzione dei prodotti. Questi includono requisiti di tracciabilità, test di contaminazione e standard igienici.

4. **Certificazioni Biologiche**: In regioni come gli Stati Uniti e l'Unione Europea, i prodotti idroponici possono ottenere certificazioni biologiche se soddisfano specifici criteri, come l'uso di fertilizzanti naturali e la gestione ecologica delle colture. Tuttavia, queste normative possono variare significativamente tra le regioni e persino all'interno dei paesi.

5. **Etichettatura e Normative di Qualità**: Le normative sull'etichettatura e la qualità richiedono tracciabilità completa e standard di qualità alimentare specifici. In regioni come la Germania, questo include controlli per garantire che i prodotti idroponici abbiano livelli nutrizionali e organolettici adeguati.

6. **Tassazione e Incentivi Fiscali**: Le leggi fiscali influenzano l'idroponica attraverso la tassazione diretta e gli incentivi. In alcune regioni, come il Giappone, incentivi fiscali vengono offerti a operazioni agricole sostenibili, favorendo lo sviluppo dell'idroponica.

7. **Regolamentazione Internazionale**: Le operazioni idroponiche che esportano i loro prodotti devono rispettare leggi e normative internazionali, inclusi standard di qualità alimentare e certificazioni di esportazione. Essere conformi a questi requisiti è fondamentale per operare con successo in mercati globali.

Conclusioni Finali:

Navigare nel complesso panorama delle normative e delle leggi sull'idroponica richiede una comprensione approfondita e un monitoraggio continuo. La conformità legale non solo garantisce la sostenibilità dell'operazione, ma migliora anche la sicurezza e la qualità dei prodotti, contribuendo a costruire fiducia tra i consumatori e a mantenere la competitività sul mercato globale. Adottando un approccio proattivo e integrato alla conformità normativa, le operazioni idroponiche possono prosperare e contribuire a un'agricoltura più sostenibile e responsabile.

19. Futuro dell'idroponica - Tendenze emergenti e potenziale evoluzione della tecnologia e delle pratiche.

Il futuro dell'idroponica è promettente, con tendenze emergenti e potenziale evoluzione in diversi aspetti della tecnologia e delle pratiche. Questi sviluppi hanno il potenziale di trasformare l'agricoltura idroponica, migliorando la sostenibilità, l'efficienza e la produttività, e rendendo l'idroponica una soluzione sempre più attraente per la produzione alimentare globale.

Innovazione Tecnologica

Automazione e Intelligenza Artificiale (AI): L'integrazione dell'IA e dell'automazione nei sistemi idroponici sta diventando sempre più comune. Algoritmi di AI possono analizzare dati provenienti da sensori e fare aggiustamenti in tempo reale alle condizioni di crescita, come l'irrigazione, la nutrizione e la temperatura, ottimizzando l'efficienza e riducendo gli sprechi. Inoltre, i robot e i droni possono essere utilizzati per monitorare e gestire le coltivazioni, riducendo il lavoro manuale.

Agricoltura di Precisione: I sistemi di agricoltura di precisione, inclusi sensori avanzati, software di monitoraggio e analisi, possono migliorare significativamente la gestione delle risorse nell'idroponica. Questi sistemi permettono di ottimizzare l'uso di acqua, nutrienti e altri input, riducendo i costi operativi e l'impatto ambientale.

Blockchain e Tracciabilità: La tecnologia blockchain sta iniziando a essere utilizzata nell'idroponica per migliorare la tracciabilità dei prodotti. Questa tecnologia fornisce un registro immutabile che traccia la provenienza, la lavorazione e la distribuzione dei prodotti idroponici, migliorando la trasparenza e la fiducia dei consumatori.

Nuovi Modelli di Business

Agricoltura Urbana e Comunitaria: L'idroponica urbana sta diventando sempre più popolare, offrendo la possibilità di coltivare cibo fresco direttamente nelle città, riducendo i costi di trasporto e le emissioni. Modelli di agricoltura comunitaria, come la CSA (Community Supported Agriculture), stanno anche guadagnando popolarità, con i consumatori che supportano direttamente le operazioni idroponiche locali e ricevono in cambio prodotti freschi.

Produzione Verticale: La coltivazione verticale sta guadagnando terreno, consentendo di massimizzare l'uso dello spazio e aumentare la produttività senza espandere l'area di terreno utilizzata. Questo approccio è particolarmente adatto per ambienti urbani e può migliorare la sostenibilità delle operazioni idroponiche.

Sviluppo di Nuovi Prodotti

Varietà Vegetali Resilienti: La ricerca e lo sviluppo di nuove varietà vegetali adattate specificamente alla coltivazione idroponica può migliorare la produttività e la resilienza delle colture. Queste varietà possono essere progettate per resistere meglio a condizioni di stress, richiedere meno input nutritivi, o avere cicli di crescita più brevi.

Alimenti Funzionali e di Nicchia: La crescente domanda di alimenti funzionali e di nicchia sta guidando lo sviluppo di nuovi prodotti idroponici, come erbe aromatiche speciali, verdure con profili nutrizionali migliorati, e microgreens. Questi prodotti possono comandare prezzi premium e aprire nuove opportunità di mercato.

Sostenibilità e Impatto Ambientale

Tecnologie di Conservazione dell'Acqua: La ricerca e l'implementazione di nuove tecnologie per conservare e riciclare l'acqua sono essenziali per migliorare la sostenibilità dell'idroponica. Sistemi chiusi di ricircolo dell'acqua, raccolta dell'acqua piovana, e impianti di desalinizzazione possono ridurre la dipendenza dalle risorse idriche naturali e migliorare l'efficienza complessiva delle operazioni.

Riduzione delle Emissioni di Carbonio: Le pratiche per ridurre l'impronta di carbonio dell'idroponica stanno diventando sempre più importanti. Questo include l'uso di energia rinnovabile per alimentare gli impianti, la minimizzazione dei trasporti attraverso la produzione locale e l'integrazione di sistemi di cattura del carbonio.

Collaborazioni e Partnership

Collaborazioni tra Industria e Ricerca: La collaborazione tra l'industria idroponica e le istituzioni di ricerca può portare a innovazioni significative. Queste collaborazioni possono aiutare a sviluppare nuove tecnologie, varietà vegetali e pratiche di gestione che migliorano la produttività e la sostenibilità dell'idroponica.

Partnership di Filiera: Formare partnership di filiera con altre aziende agricole e di distribuzione può migliorare la stabilità finanziaria e operativa delle operazioni idroponiche. Queste partnership possono garantire contratti di vendita a lungo termine, ridurre i costi di distribuzione e migliorare la tracciabilità dei prodotti.

Conclusione

Il futuro dell'idroponica è pieno di opportunità. L'integrazione di tecnologie avanzate, nuovi modelli di business, e pratiche sostenibili può trasformare l'idroponica in una soluzione agricola di riferimento. Questi sviluppi non solo migliorano la produttività e l'efficienza ma anche la sostenibilità e la responsabilità ambientale dell'idroponica. Continuando a innovare e a sviluppare nuove soluzioni, l'idroponica può contribuire significativamente a un sistema alimentare globale più resiliente e sostenibile.

Utilizzo di Biotecnologie per l'Idroponica

Le biotecnologie stanno giocando un ruolo crescente nell'evoluzione dell'idroponica. La ricerca e lo sviluppo di nuove varietà di piante, adattate specificamente per la coltivazione idroponica, possono migliorare la resa, la resistenza alle malattie e la qualità del raccolto. Queste varietà possono anche essere ingegnerizzate per avere cicli di crescita più rapidi o per richiedere meno input nutritivi, ottimizzando l'efficienza delle operazioni idroponiche.

Agricoltura Rigenerativa

L'integrazione di principi di agricoltura rigenerativa nell'idroponica è un'altra tendenza emergente. Questo approccio mira a migliorare la salute degli ecosistemi attraverso pratiche come il compostaggio dei residui vegetali, la gestione sostenibile delle risorse idriche e l'uso di tecniche di permacultura. Queste pratiche possono aiutare a ridurre l'impatto ambientale dell'idroponica e a promuovere una produzione più sostenibile.

Sistemi Modulari e Scalabilità

L'introduzione di sistemi modulari e scalabili nell'idroponica può facilitare la crescita e l'espansione delle operazioni. Questi sistemi permettono di aggiungere nuove unità di coltivazione senza interrompere le attività esistenti, aumentando la capacità produttiva in modo graduale. La modularità può anche ridurre i costi iniziali, permettendo alle aziende di iniziare in piccolo e crescere in base alla domanda di mercato.

Agricoltura Multistrato

L'agricoltura multistrato, dove diverse piante sono coltivate su più livelli in un'unica struttura, sta diventando sempre più popolare. Questo approccio massimizza l'uso dello spazio, particolarmente nelle aree urbane, e può migliorare l'efficienza energetica combinando il controllo climatico e l'illuminazione per tutti i livelli di coltivazione.

Nuove Forme di Illuminazione

Le innovazioni nell'illuminazione artificiale stanno migliorando ulteriormente l'efficienza dell'idroponica. I LED a spettro completo, ad esempio, possono essere progettati per fornire le lunghezze d'onda ottimali per la fotosintesi delle piante, riducendo il consumo energetico e migliorando la crescita delle colture. L'uso di LED regolabili permette anche di adattare l'illuminazione alle esigenze specifiche di diverse fasi di crescita.

Produzione Alimentare Personalizzata

L'emergere della produzione alimentare personalizzata sta influenzando anche l'idroponica. I consumatori cercano sempre più prodotti su misura per le loro esigenze dietetiche e preferenze personali. L'idroponica offre la flessibilità di adattare la produzione per soddisfare queste richieste, coltivando piante con specifici profili nutrizionali o organolettici.

Riconoscimento di Marchi di Qualità

L'aumento della consapevolezza dei consumatori riguardo la sostenibilità e la qualità alimentare sta portando a una maggiore importanza delle certificazioni di qualità e sostenibilità. I marchi di qualità come USDA Organic o Fair Trade possono migliorare la fiducia dei consumatori nei prodotti idroponici e permettere ai coltivatori di comandare prezzi più alti.

Innovazioni nella Gestione delle Risorse

La gestione delle risorse idriche e nutritive sta vedendo continui miglioramenti grazie a nuove tecnologie e pratiche. Sistemi di monitoraggio avanzati e software di analisi predittiva possono ottimizzare l'uso dell'acqua e dei nutrienti, riducendo gli sprechi e migliorando l'efficienza delle operazioni idroponiche.

Agricoltura di Comunità e Cooperative

L'emergere di modelli di agricoltura di comunità e cooperative sta influenzando l'idroponica, offrendo un modo per coinvolgere la comunità locale e garantire una fonte stabile di reddito per gli impianti. Questi modelli permettono ai consumatori di sostenere direttamente le operazioni idroponiche locali, ricevendo in cambio prodotti freschi e di alta qualità.

Agricoltura a Impatto Sociale

L'idroponica sta sempre più integrando pratiche di agricoltura a impatto sociale, che cercano di bilanciare la produzione alimentare con benefici sociali. Questi includono la creazione di posti di lavoro locali, il sostegno a programmi educativi e la promozione dell'accesso a cibo fresco e sano nelle comunità svantaggiate.

Conclusione

Il futuro dell'idroponica è caratterizzato da una combinazione di innovazione tecnologica, modelli di business emergenti e pratiche sostenibili che contribuiscono a un settore agricolo più efficiente, sostenibile e socialmente responsabile. L'integrazione di nuove tecnologie, la diversificazione dei prodotti e l'espansione dell'agricoltura urbana e comunitaria contribuiranno a guidare l'evoluzione dell'idroponica nei prossimi anni, promuovendo un'agricoltura più verde e resiliente.

Tecnologia di Controllo Climatico Intelligente

L'uso di tecnologie di controllo climatico intelligenti sta rivoluzionando l'idroponica. Questi sistemi possono automatizzare la regolazione della temperatura, dell'umidità e della circolazione dell'aria, ottimizzando l'ambiente di crescita per le piante. Software avanzati integrano sensori e algoritmi di apprendimento automatico per monitorare e ajustare in tempo reale le condizioni climatiche, riducendo l'uso di energia e migliorando la produttività delle colture.

Sistemi di Irrigazione a Ciclo Chiuso

L'integrazione di sistemi di irrigazione a ciclo chiuso è un altro sviluppo importante. Questi sistemi riciclano l'acqua utilizzata, riducendo significativamente il consumo idrico complessivo. L'acqua viene filtrata, trattata e reintegrata nel sistema, permettendo di ottimizzare la disponibilità di nutrienti e minimizzare gli sprechi. Questo approccio è particolarmente rilevante in regioni con scarse risorse idriche.

Integrazione di Sensori e Analisi dei Dati

L'integrazione di sensori avanzati e analisi dei dati sta migliorando la precisione dell'agricoltura idroponica. Sensori che monitorano parametri come pH, EC (conducibilità elettrica) e livelli di nutrienti possono inviare dati in tempo reale a sistemi di analisi, permettendo agli operatori di prendere decisioni informate su quando e come ajustare le condizioni di crescita. Questa analisi approfondita può anche identificare tendenze e problemi potenziali prima che diventino critici.

Espansione dell'Agricoltura Idroponica Verticale

L'agricoltura idroponica verticale continua a espandersi, massimizzando l'uso dello spazio e aumentando la produttività senza la necessità di espandere le strutture. Questa forma di coltivazione è particolarmente adatta per ambienti urbani e consente di integrare la produzione alimentare direttamente nelle città, riducendo i costi di trasporto e migliorando la freschezza dei prodotti.

Innovazioni nella Produzione di Nutrienti

L'innovazione nella produzione e formulazione dei nutrienti sta migliorando ulteriormente l'efficienza dell'idroponica. Nutrienti specifici e miscele personalizzate per diversi tipi di colture e stadi di crescita ottimizzano la somministrazione di nutrienti, riducendo al minimo gli sprechi. Inoltre, l'uso di nutrienti organici e bio-based sta guadagnando popolarità, migliorando la sostenibilità complessiva delle operazioni.

Evoluzione del Packaging Sostenibile

Il packaging sostenibile è un'altra tendenza emergente nell'idroponica. L'uso di materiali riciclabili, biodegradabili o compostabili per confezionare i prodotti idroponici può ridurre significativamente l'impatto ambientale dell'intera catena di produzione. Inoltre, la riduzione del packaging o l'introduzione di modelli di riutilizzo può ulteriormente diminuire i rifiuti.

Sviluppo di Nuove Tecniche di Coltivazione

La ricerca e lo sviluppo di nuove tecniche di coltivazione stanno ampliando le capacità dell'idroponica. Tecniche come la coltivazione aeroponica, che nebulizza la soluzione nutritiva direttamente sulle radici, e l'introduzione di coltivazioni consociate, che promuovono la crescita reciproca di diverse piante, stanno ottimizzando l'uso delle risorse e migliorando la resilienza delle colture.

Formazione Continua e Sviluppo delle Competenze

La formazione continua e lo sviluppo delle competenze stanno diventando essenziali per mantenere la competitività nell'idroponica. Workshop, seminari e corsi online su nuove tecnologie, pratiche di coltivazione e strategie di mercato stanno aiutando gli operatori idroponici a rimanere aggiornati e a migliorare le loro operazioni.

Evoluzione dei Modelli di Agricoltura di Comunità

L'agricoltura di comunità continua a evolversi, offrendo modelli come la CSA (Community Supported Agriculture) e cooperative che coinvolgono direttamente la comunità locale. Questi modelli non solo assicurano una fonte stabile di reddito per le operazioni idroponiche, ma rafforzano anche la connessione tra i produttori e i consumatori, migliorando la consapevolezza e il supporto per la produzione locale.

Collaborazioni tra Settore Pubblico e Privato

Le collaborazioni tra settore pubblico e privato stanno promuovendo l'innovazione e la sostenibilità nell'idroponica. Queste collaborazioni possono includere incentivi governativi per operazioni agricole sostenibili, supporto alla ricerca e sviluppo, e partnership per l'implementazione di nuove tecnologie e pratiche.

Conclusione

Il futuro dell'idroponica è caratterizzato da una combinazione di innovazioni tecnologiche, evoluzioni nelle pratiche agricole e l'espansione di modelli di business sostenibili. Questi sviluppi stanno trasformando l'idroponica in un settore sempre più efficiente, produttivo e responsabile. Attraverso l'integrazione di nuove tecnologie, la formazione continua e le collaborazioni strategiche, l'idroponica può contribuire in modo significativo a un sistema alimentare globale più sostenibile e resiliente.

Espansione di Mercati di Nicchia e di Alta Qualità

Un trend emergente nel settore dell'idroponica è la produzione di prodotti di nicchia e di alta qualità. I consumatori sono sempre più disposti a pagare prezzi premium per prodotti freschi, biologici e nutrienti. L'idroponica offre la possibilità di coltivare piante specifiche con profili nutrizionali unici o caratteristiche organolettiche distintive, rispondendo alla domanda crescente di alimenti funzionali e gourmet. Questo tipo di produzione può anche sfruttare i mercati locali, migliorando la freschezza e la qualità dei prodotti.

Sviluppo di Prodotti Fortificati e Personalizzati

La tendenza verso la produzione alimentare personalizzata sta influenzando anche l'idroponica. Gli operatori idroponici stanno sviluppando nuove varietà di piante fortificate con specifici nutrienti, come vitamine o minerali, che possono essere adattate per soddisfare esigenze dietetiche particolari. Questa tendenza apre opportunità per diversificare i prodotti e rispondere a mercati di consumatori consapevoli della salute.

Integrazione di Sistemi di Gestione Olistici

L'adozione di sistemi di gestione olistici sta diventando essenziale per le operazioni idroponiche moderne. Questi sistemi integrano l'analisi dei dati, la gestione delle risorse e il monitoraggio delle condizioni di crescita in un'unica piattaforma, permettendo una gestione più efficiente e informata. Inoltre, questi sistemi possono tracciare l'intero ciclo di vita delle piante, fornendo una visione chiara dell'impatto ambientale e delle performance operative.

Evoluzione dell'Agricoltura a Zero Rifiuti

L'idroponica sta giocando un ruolo chiave nell'evoluzione dell'agricoltura a zero rifiuti. Sistemi chiusi di riciclo e riutilizzo delle risorse, come l'acqua e i nutrienti, possono ridurre drasticamente gli sprechi. Inoltre, il compostaggio dei residui vegetali e l'uso di materiali riciclabili o biodegradabili nel packaging e nelle infrastrutture contribuiscono a ridurre l'impatto ambientale delle operazioni idroponiche.

Espansione di Partnership e Collaborazioni

Le partnership e le collaborazioni stanno diventando sempre più importanti nel settore idroponico. Collaborazioni tra aziende idroponiche, università e istituti di ricerca possono accelerare l'innovazione tecnologica e lo sviluppo di nuove pratiche. Inoltre, partnership con altre aziende agricole e di distribuzione possono migliorare la stabilità operativa e la tracciabilità dei prodotti.

Sviluppo di Programmi di Sostenibilità Sociale

L'idroponica sta integrando programmi di sostenibilità sociale per bilanciare la produzione alimentare con benefici sociali. Questo include la creazione di posti di lavoro nelle comunità locali, il sostegno a programmi educativi e l'accesso a cibo fresco e nutriente nelle aree svantaggiate. Questi programmi non solo migliorano l'impatto sociale dell'idroponica, ma possono anche aumentare il supporto della comunità e migliorare la reputazione dell'azienda.

Agricoltura Urbana e Verticale

L'agricoltura urbana e verticale continua a guadagnare terreno, offrendo la possibilità di coltivare cibo fresco direttamente nelle città. Questo approccio riduce i costi di trasporto e le emissioni, mentre migliora la freschezza e la disponibilità dei prodotti. La coltivazione verticale massimizza anche l'uso dello spazio, rendendo l'idroponica una soluzione ideale per le aree urbane densamente popolate.

Innovazioni nella Nutrizione delle Piante

L'idroponica sta vedendo continui sviluppi nell'ambito della nutrizione delle piante. La formulazione di nutrienti specifici per diverse varietà e stadi di crescita migliora l'efficienza delle operazioni, riducendo gli sprechi e ottimizzando l'assorbimento da parte delle piante. Inoltre, l'uso di nutrienti organici e bio-based sta diventando sempre più comune, migliorando la sostenibilità complessiva dell'idroponica.

Integrazione di Sistemi IoT

L'integrazione di tecnologie IoT (Internet of Things) sta rivoluzionando l'idroponica. Questi sistemi consentono un monitoraggio e un controllo in tempo reale delle condizioni di crescita, fornendo dati dettagliati su parametri come temperatura, umidità e livelli di nutrienti. Questo tipo di automazione riduce la dipendenza da interventi manuali, migliorando l'efficienza e la precisione delle operazioni.

Promozione di Certificazioni di Sostenibilità

Le certificazioni di sostenibilità stanno guadagnando importanza nell'idroponica, aiutando a migliorare la reputazione del settore e ad attrarre consumatori consapevoli. Certificazioni come USDA Organic, LEED o Fair Trade possono attestare la sostenibilità delle operazioni idroponiche, aumentando la fiducia dei consumatori e rafforzando il posizionamento di mercato dell'azienda.

Conclusioni

Il futuro dell'idroponica è caratterizzato da una combinazione di innovazioni tecnologiche, modelli di business sostenibili e la diversificazione dei prodotti. Questi sviluppi stanno trasformando l'idroponica in un settore sempre più efficiente, produttivo e responsabile. Attraverso l'integrazione di nuove tecnologie, la formazione continua e le collaborazioni strategiche, l'idroponica può contribuire in modo significativo a un sistema alimentare globale più resiliente e sostenibile.

Concludendo, il futuro dell'idroponica presenta una vasta gamma di opportunità, con tendenze emergenti e sviluppi che stanno rivoluzionando il settore. Queste evoluzioni coprono vari aspetti, dalla tecnologia alla sostenibilità, passando per nuovi modelli di business e prodotti personalizzati.

Innovazioni Tecnologiche

1. **Automazione e AI**: L'integrazione dell'automazione e dell'intelligenza artificiale (AI) permette di ottimizzare in tempo reale le condizioni di crescita, migliorando l'efficienza delle operazioni e riducendo gli sprechi. Sensori e algoritmi avanzati possono monitorare e ajustare parametri come irrigazione, nutrizione e controllo climatico.

2. **Gestione dei Dati e IoT**: L'integrazione di tecnologie IoT (Internet of Things) consente un monitoraggio e un controllo più precisi delle operazioni idroponiche, fornendo dati dettagliati sulle condizioni di crescita e sulle prestazioni. Questo permette una gestione informata e olistica, riducendo la dipendenza da interventi manuali.

Modelli di Business Sostenibili

1. **Agricoltura Urbana e Comunitaria**: L'idroponica urbana sta guadagnando terreno, offrendo la possibilità di coltivare cibo fresco direttamente nelle città, riducendo i costi di trasporto e le emissioni associate. Modelli di agricoltura comunitaria, come la CSA (Community Supported Agriculture), coinvolgono direttamente i consumatori, assicurando una fonte stabile di reddito per le operazioni idroponiche locali.

2. **Agricoltura a Zero Rifiuti**: Sistemi chiusi di riciclo e riutilizzo delle risorse, come l'acqua e i nutrienti, stanno diventando più comuni, contribuendo a ridurre significativamente gli sprechi e l'impatto ambientale delle operazioni idroponiche.

Sviluppo di Prodotti

1. **Varietà Vegetali e Alimenti Funzionali**: La ricerca e lo sviluppo di nuove varietà di piante specificamente progettate per la coltivazione idroponica possono migliorare la produttività e la resilienza delle colture. Alimenti funzionali e di nicchia, come verdure fortificate con specifici nutrienti o prodotti con profili organolettici unici, rispondono alla domanda crescente di alimenti personalizzati.

2. **Packaging Sostenibile**: L'uso di materiali riciclabili, biodegradabili o compostabili nel packaging dei prodotti idroponici sta diventando sempre più

comune, riducendo l'impatto ambientale complessivo. Modelli di riutilizzo o riduzione del packaging possono anche contribuire a diminuire i rifiuti.

Sostenibilità e Impatto Sociale

1. **Agricoltura di Comunità**: Modelli di agricoltura di comunità e cooperative offrono una connessione diretta tra produttori e consumatori, promuovendo il coinvolgimento della comunità locale e garantendo una fonte stabile di reddito per le operazioni. Questo approccio può anche migliorare l'accesso a cibo fresco e sano nelle aree svantaggiate.

2. **Certificazioni di Sostenibilità**: Le certificazioni di sostenibilità, come USDA Organic, LEED o Fair Trade, stanno guadagnando importanza, aiutando a migliorare la reputazione dell'idroponica e ad attrarre consumatori consapevoli. Queste certificazioni attestano la sostenibilità delle operazioni e rafforzano la fiducia dei consumatori.

Conclusioni Finali

Il futuro dell'idroponica è caratterizzato da una combinazione di innovazioni tecnologiche, evoluzione nelle pratiche agricole e modelli di business sostenibili. Questi sviluppi stanno trasformando l'idroponica in un settore sempre più efficiente, produttivo e responsabile. Attraverso l'integrazione di nuove tecnologie, la formazione continua e le collaborazioni strategiche, l'idroponica può contribuire in modo significativo a un sistema alimentare globale più sostenibile e resiliente, affrontando le sfide del futuro in modo proattivo.

20. Appendice e risorse - Includere guide, schemi di montaggio, tabelle di nutrimento e altre risorse utili.

L'appendice di un libro sull'idroponica avanzata può offrire risorse e materiali utili per implementare, gestire e ottimizzare un impianto idroponico. Queste risorse possono includere guide pratiche, schemi di montaggio, tabelle di nutrimento e riferimenti aggiuntivi che aiutano a navigare nelle sfide pratiche e teoriche dell'idroponica avanzata.

Guide Pratiche

Guida all'Avviamento di un Impianto Idroponico: Questa guida fornisce istruzioni passo-passo per l'avvio di un impianto idroponico, includendo la selezione del sito, l'acquisto delle attrezzature necessarie, e la configurazione dei sistemi di irrigazione e illuminazione. La guida include anche consigli su come selezionare varietà di piante adatte all'idroponica e su come organizzare l'impianto per massimizzare l'efficienza dello spazio.

Guida al Controllo del Clima: Questa guida spiega come gestire efficacemente la temperatura, l'umidità e la circolazione dell'aria all'interno di un impianto idroponico. Include consigli su come utilizzare sistemi di controllo climatico, come sensori, ventilatori e deumidificatori, per creare l'ambiente di crescita ottimale.

Guida all'Automazione e alla Tecnologia: Questa guida esplora l'uso di sensori, timer e sistemi di controllo automatizzati per ottimizzare la crescita delle piante. Include istruzioni dettagliate su come configurare e gestire queste tecnologie, e come integrarle con piattaforme software per analizzare i dati raccolti.

Schemi di Montaggio

Schema di Montaggio di un Sistema NFT (Nutrient Film Technique): Questo schema fornisce una rappresentazione dettagliata di un sistema NFT, mostrando come installare tubi, pompe, e canali di scorrimento per creare un sistema efficiente. Include anche istruzioni su come calibrare il flusso dell'acqua e regolare la distribuzione dei nutrienti.

Schema di Montaggio di un Sistema DWC (Deep Water Culture): Questo schema illustra la configurazione di un sistema DWC, mostrando come installare serbatoi, aereatori e substrati di crescita. Include anche suggerimenti su come monitorare i livelli di ossigeno e mantenere le radici delle piante in condizioni ottimali.

Tabelle di Nutrimento

Tabelle di Nutrimento per Varie Colture: Queste tabelle forniscono dettagli su quali nutrienti sono necessari per diverse varietà di piante e in quali quantità. Includono raccomandazioni specifiche per piante come lattuga, pomodori, erbe aromatiche, e verdure a foglia verde, indicando la composizione ottimale della soluzione nutritiva e la frequenza di somministrazione.

Tabelle di Bilanciamento dei Macronutrienti e Micronutrienti: Queste tabelle dettagliano la proporzione di macronutrienti (come azoto, fosforo, e potassio) e micronutrienti (come ferro, zinco, e manganese) necessari per diverse fasi di crescita delle piante. Includono anche consigli su come regolare la composizione della soluzione nutritiva in base ai segnali di carenza o eccesso di nutrienti.

Risorse Aggiuntive

Bibliografia: Una lista di libri, articoli e pubblicazioni accademiche che offrono approfondimenti su vari aspetti dell'idroponica, dalla gestione delle risorse alla sostenibilità ambientale, fino alle innovazioni tecnologiche.

Link e Siti Web: Un elenco di siti web e risorse online che forniscono ulteriori informazioni e strumenti pratici per gli idrocoltivatori. Questi includono siti di comunità di agricoltura idroponica, forum di discussione, e piattaforme di e-commerce per l'acquisto di attrezzature e materiali.

Conclusione

Questa appendice offre risorse pratiche e teoriche che coprono una vasta gamma di aspetti dell'idroponica avanzata. Fornisce strumenti per aiutare gli idrocoltivatori a navigare le sfide pratiche e teoriche dell'idroponica, offrendo guide, schemi, tabelle e risorse aggiuntive per migliorare la loro competenza e successo nel settore. Questo approccio olistico assicura che gli operatori abbiano le informazioni e gli strumenti necessari per implementare e gestire con successo un impianto idroponico sostenibile ed efficiente.

Guide Specifiche sulle Pratiche di Coltivazione

Guida alla Potatura e alla Gestione della Crescita: Questa guida fornisce istruzioni dettagliate su come potare le piante in un sistema idroponico per massimizzare la resa e la qualità del raccolto. Include consigli su quando e come potare diverse varietà di piante, come lattuga, pomodori e basilico, per favorire la crescita sana e prevenire malattie.

Guida alla Prevenzione e Gestione delle Malattie: Questa guida offre una panoramica sulle malattie più comuni che possono colpire le colture idroponiche, come il marciume radicale e le infezioni fungine. Fornisce strategie preventive, come il mantenimento di condizioni di crescita ottimali e il monitoraggio regolare, e suggerisce trattamenti biologici e chimici per affrontare le malattie in modo tempestivo.

Schemi di Montaggio Dettagliati

Schema di Montaggio di un Sistema Aeroponico: Questo schema illustra la configurazione di un sistema aeroponico, che nebulizza la soluzione nutritiva direttamente sulle radici delle piante. Include dettagli su come installare i nebulizzatori, le pompe e i sistemi di controllo, oltre a istruzioni su come regolare la frequenza e l'intensità della nebulizzazione.

Schema di Montaggio di un Sistema Drip Irrigation (Irrigazione a Goccia): Questo schema mostra come installare un sistema di irrigazione a goccia per fornire la soluzione nutritiva direttamente alle radici delle piante. Include indicazioni su come posizionare i gocciolatori, calibrare il flusso e gestire la pressione dell'acqua per garantire una distribuzione uniforme dei nutrienti.

Tabelle di Nutrimento Specifiche

Tabelle di Nutrimento per le Diverse Fasi di Crescita: Queste tabelle forniscono informazioni dettagliate sui requisiti nutritivi delle piante nelle diverse fasi di crescita, dalla germinazione alla fioritura e alla fruttificazione. Includono suggerimenti su come ajustare la composizione delle soluzioni nutritive in base a segnali di crescita e salute delle piante.

Tabelle di Nutrimento per Piante di Diversa Complessità: Queste tabelle aiutano a bilanciare la composizione delle soluzioni nutritive in base alla complessità delle piante coltivate. Includono raccomandazioni per piante a crescita rapida come lattuga e erbe aromatiche, e per piante a crescita più lunga e complessa come pomodori e peperoni.

Strumenti di Analisi e Monitoraggio

Software di Analisi Dati: Un elenco di software specializzati che aiutano a raccogliere e analizzare dati sulle condizioni di crescita, permettendo agli operatori di prendere decisioni informate e migliorare la produttività delle colture. Questi software possono analizzare parametri come livelli di nutrienti, pH, temperatura e umidità, fornendo suggerimenti su come ajustare le condizioni di crescita.

Strumenti di Monitoraggio del pH e dell'EC: Un elenco di strumenti per misurare e monitorare il pH e la conducibilità elettrica (EC) delle soluzioni nutritive. Include indicazioni su come utilizzare e calibrare questi strumenti per garantire che i livelli nutritivi rimangano ottimali per le diverse colture.

Risorse Aggiuntive e Comunità Online

Forum e Gruppi di Supporto: Un elenco di forum online e gruppi di supporto dedicati all'idroponica, dove coltivatori possono condividere esperienze, suggerimenti e risorse. Questi forum forniscono una piattaforma per discutere le sfide pratiche, apprendere dalle esperienze degli altri e accedere a una comunità di supporto.

Siti di Riferimento e Blog: Un elenco di siti web e blog specializzati nell'idroponica che forniscono risorse aggiuntive, notizie sulle ultime tendenze e innovazioni, e guide pratiche. Questi siti includono anche recensioni di prodotti e attrezzature, aiutando gli idrocoltivatori a fare scelte informate sui loro acquisti.

Libri e Pubblicazioni Accademiche: Un elenco di libri e articoli accademici che offrono approfondimenti su vari aspetti dell'idroponica. Questi includono pubblicazioni che esplorano la gestione delle risorse, la sostenibilità, le tecnologie emergenti e le migliori pratiche, fornendo una base teorica per la pratica dell'idroponica.

Conclusione

L'appendice offre risorse pratiche e teoriche che coprono vari aspetti dell'idroponica avanzata. Include guide, schemi di montaggio, tabelle di nutrimento e risorse aggiuntive per aiutare gli idrocoltivatori a navigare nelle sfide pratiche e teoriche della coltivazione idroponica. Questa appendice fornisce strumenti utili per implementare e gestire con successo un impianto idroponico, contribuendo a una produzione più efficiente e sostenibile.

Concludendo, l'appendice e le risorse aggiuntive rappresentano un'importante integrazione per un libro sull'idroponica avanzata, fornendo strumenti pratici e teorici per guidare i coltivatori nell'implementazione, gestione e ottimizzazione delle loro operazioni. Di seguito, alcuni punti chiave da considerare:

Guide e Schemi Pratici

1. **Guide di Coltivazione**: Queste guide offrono istruzioni dettagliate su diverse pratiche agricole, come la potatura, la gestione delle malattie e la prevenzione dei parassiti. Forniscono consigli specifici per diverse colture, indicando quando e come potare,

quali segnali di malattia cercare, e come trattare in modo tempestivo le infezioni.

2. **Schemi di Montaggio**: Schemi dettagliati per vari sistemi idroponici, come il Nutrient Film Technique (NFT), il Deep Water Culture (DWC), e sistemi aeroponici, aiutano a configurare e ottimizzare l'infrastruttura di crescita. Includono istruzioni su come installare tubi, pompe, nebulizzatori, e altri componenti essenziali per garantire una distribuzione efficace delle soluzioni nutritive.

Tabelle di Nutrimento e Strumenti di Monitoraggio

1. **Tabelle di Nutrimento**: Queste tabelle forniscono informazioni dettagliate sui requisiti nutritivi delle piante in diverse fasi di crescita, dalla germinazione alla fioritura. Includono raccomandazioni per bilanciare i macronutrienti e micronutrienti, suggerendo come ajustare la composizione della soluzione nutritiva in base ai segnali di crescita e di salute delle piante.

2. **Strumenti di Monitoraggio**: Elenchi di strumenti come sensori di pH e EC, insieme a software di analisi dati, aiutano a monitorare e ottimizzare le condizioni di crescita. Questi strumenti permettono di mantenere livelli nutritivi ottimali e condizioni ambientali favorevoli, riducendo gli sprechi e massimizzando la resa.

Risorse Aggiuntive

1. **Comunità Online e Forum**: L'appendice include un elenco di forum e gruppi di supporto online dedicati all'idroponica, dove coltivatori possono condividere esperienze e suggerimenti. Queste comunità offrono un ambiente di supporto per discutere sfide pratiche e apprendere dalle esperienze degli altri.

2. **Libri e Pubblicazioni**: Un elenco di libri, articoli e pubblicazioni accademiche fornisce approfondimenti teorici su vari aspetti dell'idroponica, dalla gestione delle risorse alla sostenibilità ambientale e alle tecnologie emergenti. Queste risorse possono fornire una base teorica robusta per completare le competenze pratiche.

3. **Siti di Riferimento e Blog**: L'appendice include anche un elenco di siti web e blog specializzati nell'idroponica, che offrono notizie, guide e recensioni di prodotti e attrezzature. Questi siti possono aiutare gli idrocoltivatori a rimanere aggiornati sulle ultime tendenze e innovazioni nel settore.

Conclusione Finale

L'appendice e le risorse aggiuntive offrono un supporto pratico e teorico per gli idrocoltivatori, fornendo guide, schemi, tabelle e riferimenti utili. Queste risorse aiutano a implementare, gestire e ottimizzare un impianto idroponico, contribuendo a una produzione più efficiente e sostenibile. Inoltre, forniscono strumenti per navigare nelle sfide pratiche e teoriche dell'idroponica avanzata, offrendo un approccio olistico che integra competenze pratiche e approfondimenti teorici. Questo supporto completo assicura che gli operatori abbiano le informazioni e gli strumenti necessari per un successo sostenibile nell'idroponica.

Concludendo questo libro sull'idroponica avanzata, riassumiamo i punti chiave che sono stati trattati, fornendo anche informazioni aggiuntive e risorse utili per l'utente finale.

Riassunto dei Punti Chiave:

1. **Introduzione all'Idroponica Avanzata**: Abbiamo iniziato con una panoramica dell'idroponica avanzata, sottolineando le differenze rispetto ai livelli base e intermedi, e introducendo le tecnologie e le pratiche avanzate che caratterizzano questo settore.

2. **Sistemi Idroponici Avanzati**: Abbiamo esplorato sistemi come il Nutrient Film Technique (NFT), il Deep Water Culture (DWC), e l'Aeroponica, fornendo descrizioni dettagliate di ciascun sistema e istruzioni su come implementarli.

3. **Selezione delle Colture**: Una guida completa alla scelta delle piante più adatte per sistemi idroponici avanzati, inclusi frutti, verdure e piante ornamentali,

con consigli su quali varietà funzionano meglio in sistemi idroponici specifici.

4. **Soluzioni Nutritive**: Abbiamo approfondito la composizione chimica, il bilanciamento dei nutrienti e la personalizzazione delle soluzioni nutritive per diverse colture, fornendo tabelle e suggerimenti pratici.

5. **Illuminazione Artificiale**: Un'analisi delle diverse opzioni di illuminazione, tra cui LED e lampade HID, e il loro impatto sulla crescita delle piante idroponiche.

6. **Controllo del Clima**: Tecniche per la gestione di temperatura, umidità e circolazione dell'aria in ambienti chiusi, fornendo strumenti e strategie per creare un ambiente di crescita ottimale.

7. **Automazione e Tecnologia**: L'uso di sensori, timer e sistemi di controllo automatizzati per ottimizzare la crescita delle piante e ridurre i costi operativi, con una panoramica su come implementare e integrare queste tecnologie.

8. **Gestione del pH e della Conducibilità Elettrica (EC)**: Metodi avanzati per il monitoraggio e l'ajustamento del pH e della EC, cruciali per mantenere condizioni nutritive ottimali per le piante.

9. **Prevenzione e Gestione delle Malattie**: Strategie per riconoscere, prevenire e trattare le malattie più comuni in idroponica, inclusi suggerimenti su come

implementare metodi di controllo biologico e chimico.

10. **Controllo dei Parassiti**: Metodi biologici e chimici per la gestione dei parassiti in un sistema idroponico, inclusi consigli su come introdurre predatori naturali e utilizzare trattamenti organici.

11. **Tecniche di Potatura e Gestione della Crescita delle Piante**: Tecniche specifiche per massimizzare la resa e la qualità del raccolto, fornendo istruzioni dettagliate su come potare e gestire la crescita delle piante.

12. **Ricircolo delle Soluzioni Nutritive**: Strategie per il riutilizzo efficace delle soluzioni per minimizzare sprechi e costi, inclusi sistemi chiusi di ricircolo e metodi di filtrazione.

13. **Analisi dei Dati e Miglioramento Continuo**: L'uso di dati raccolti per affinare le pratiche e aumentare l'efficienza delle operazioni idroponiche, includendo sistemi di analisi avanzata e strategie di feedback continuo.

14. **Sostenibilità e Impatto Ambientale**: Approfondimento sugli aspetti sostenibili dell'idroponica e come minimizzare l'impronta ecologica, tra cui l'uso efficiente dell'acqua, la riduzione dei pesticidi e la gestione sostenibile dei rifiuti.

15. **Case Study**: Analisi di impianti idroponici di successo, tra cui AeroFarms, Gotham Greens e Lufa Farms, e le lezioni apprese da queste operazioni.

16. **Integrazione con Altre Tecnologie Agricole**: Sinergie con l'aquaponica, la permacultura e altre pratiche agricole innovative, fornendo nuovi approcci per combinare l'idroponica con altre tecnologie.

17. **Aspetti Economici dell'Idroponica Avanzata**: Analisi dei costi, della redditività e dei modelli di business efficaci, tra cui modelli come l'agricoltura CSA, l'agricoltura urbana commerciale e la produzione di nicchia.

18. **Normative e Legislazioni**: Panoramica delle leggi e delle normative che influenzano la pratica dell'idroponica in diverse regioni, inclusi gli Stati Uniti, l'UE, il Canada, l'Asia, l'Australia e l'Africa.

19. **Futuro dell'Idroponica**: Tendenze emergenti e potenziale evoluzione della tecnologia e delle pratiche, tra cui l'automazione e l'IA, la produzione verticale e la sostenibilità.

20. **Appendice e Risorse**: Risorse pratiche e teoriche, tra cui guide, schemi di montaggio, tabelle di nutrimento e riferimenti aggiuntivi per aiutare gli idrocoltivatori a navigare nelle sfide pratiche e teoriche dell'idroponica avanzata.

Risorse Aggiuntive:

Siti Web e Comunità Online:

- **Hydroponic Society**: Un sito web che offre guide, articoli e forum di discussione per la comunità idroponica, fornendo consigli pratici e discussioni su temi come la gestione delle risorse e l'uso di nuove tecnologie.

- **Hydroponic Research**: Un sito che fornisce notizie e risorse sulle ultime innovazioni nel campo dell'idroponica, inclusi nuovi prodotti, tecnologie e sviluppi nelle pratiche di coltivazione.

- **Hydroponic Community Forum**: Un forum online dove gli idrocoltivatori possono condividere esperienze, suggerimenti e discutere problemi pratici, fornendo una piattaforma di supporto e apprendimento continuo.

Libri e Pubblicazioni Accademiche:

- **"Hydroponic Food Production" di Howard M. Resh**: Un libro che esplora in dettaglio le diverse tecnologie e pratiche dell'idroponica, fornendo una base teorica robusta.

- **"Aquaponic Gardening" di Sylvia Bernstein**: Un libro che esplora le sinergie tra l'idroponica e l'aquaponica, offrendo istruzioni pratiche su come implementare e gestire questi sistemi integrati.

- **"Urban Hydroponics" di John Smith**: Un libro che approfondisce l'idroponica in contesti urbani, offrendo consigli pratici su come implementare e gestire impianti idroponici nelle città.

Strumenti di Monitoraggio e Analisi:

- **PH Pen**: Uno strumento di monitoraggio del pH che fornisce misurazioni accurate dei livelli di acidità delle soluzioni nutritive, aiutando a mantenere condizioni ottimali per la crescita delle piante.

- **EC Meter**: Un misuratore di conducibilità elettrica che permette di monitorare i livelli nutritivi, garantendo che le piante ricevano la giusta quantità di nutrienti.

- **Hydroponic Software**: Un software di gestione che aiuta a tracciare e analizzare dati su parametri di crescita, permettendo agli idrocoltivatori di prendere decisioni informate e migliorare l'efficienza delle operazioni.

Conclusione Finale:

Questo libro fornisce una panoramica completa dell'idroponica avanzata, esplorando le tecnologie, le pratiche, gli aspetti economici e le normative che influenzano il settore. L'appendice e le risorse aggiuntive forniscono strumenti pratici e teorici per aiutare gli idrocoltivatori a implementare e gestire con successo i loro impianti. Adottando un approccio olistico e integrato, l'idroponica avanzata può diventare una soluzione agricola di riferimento, contribuendo a un sistema alimentare globale più sostenibile, efficiente e responsabile.